U0221827

木上花开
Flowers on Mind

策划·视觉

茶科技

中国古代重大科技创新
ZHONGGUO GUDAI ZHONGDA KEJI CHUANGXIN

生于明山秀水之间，横行万里、纵贯千年。

"十三五"国家重点出版物出版规划项目

茶科技：唐煮宋点

冷帅 著

图书在版编目（ＣＩＰ）数据

茶科技：唐煮宋点 / 冷帅著． — 长沙 ： 湖南科学技术出版社，
2020.11
（中国古代重大科技创新 / 陈朴，孙显斌主编）
ISBN 978-7-5710-0774-4

Ⅰ．①茶… Ⅱ．①冷… Ⅲ．①茶文化－文化史－中国 Ⅳ．
① TS971.21

中国版本图书馆 CIP 数据核字（2020）第 187703 号

中国古代重大科技创新
CHAKEJI：TANGZHUSONGDIAN
茶科技：唐煮宋点

著　　者：冷　帅
责任编辑：李文瑶　林澧波
出版发行：湖南科学技术出版社
社　　址：长沙市湘雅路276号
　　　　　　http://www.hnstp.com
印　　刷：雅昌文化（集团）有限公司
　　　　　　（印装质量问题请直接与本厂联系）
厂　　址：深圳市南山区深云路19号
邮　　编：518053
版　　次：2020年11月第1版
印　　次：2020年11月第1次印刷
开　　本：787mm×1092mm　1/16
印　　张：16.75
字　　数：120千字
书　　号：ISBN 978-7-5710-0774-4
定　　价：68.00元

中国有着五千年悠久的历史文化，中华民族在世界科技创新的历史上曾经有过辉煌的成就。习近平主席在给第22届国际历史科学大会的贺信中称："历史研究是一切社会科学的基础，承担着'究天人之际，通古今之变'的使命。世界的今天是从世界的昨天发展而来的。今天世界遇到的很多事情可以在历史上找到影子，历史上发生的很多事情也可以作为今天的镜鉴。"文化是一个民族和国家赖以生存和发展的基础。党的十九大报告提出"文化是一个国家、一个民族的灵魂。文化兴国运兴，文化强民族强"。历史和现实都证明，中华民族有着强大的创造力和适应性。而在当下，只有推动传统文化的创造性转化和创新性发展，才能使传统文化得到更好的传承和发展，使中华文化走向新的辉煌。

创新驱动发展的关键是科技创新，科技创新既要占据世界科技前沿，又要服务国家社会，推动人类文明的发展。中国的"四大发明"因其对世界历史进程产生过重要影响而备受世人关注。

但"四大发明"这一源自西方学者的提法，虽有经典意义，却有其特定的背景，远不足以展现中华文明的技术文明的全貌与特色。那么中国古代到底有哪些重要科技发明创造呢？在科技创新受到全社会重视的今天，也成为公众关注的问题。

科技史学科为公众理解科学、技术、经济、社会与文化的发展提供了独特的视角。近几十年来，中国科技史的研究也有了长足的进步。2013年8月，中国科学院自然科学史研究所成立"中国古代重要科技发明创造"研究组，邀请所内外专家梳理科技史和考古学等学科的研究成果，系统考察我国的古代科技发明创造。研究组基于突出原创性、反映古代科技发展的先进水平和对世界文明有重要影响三项原则，经过持续的集体调研，推选出"中国古代重要科技发明创造88项"，大致分为科学发现与创造、技术发明、工程成就三类。本套丛书即以此项研究成果为基础，具有很强的系统性和权威性。

了解中国古代有哪些重要科技发明创造，让公众知晓其背后的文化和科技内涵，是我们树立文化自信的重要方面。优秀的传统文化能"增强做中国人的骨气和底气"，是我们深厚的文化软实力，是我们文化发展的母体，积淀着中华民族最深沉的精神追求，能为"两个一百年"奋斗目标和中华民族伟大复兴奠定坚实的文化根基。以此为指导编写的本套丛书，通过阐释科技文物、图像中的科技文化内涵，利用生动的案例故事讲

解科技创新，展现出先人创造和综合利用科学技术的非凡能力，力图揭示科学技术的历史、本质和发展规律，认知科学技术与社会、政治、经济、文化等的复杂关系。

另一方面，我们认为科学传播不应该只传播科学知识，还应该传播科学思想和科学文化，弘扬科学精神。当今创新驱动发展的浪潮，也给科学传播提出了新的挑战：如何让公众深层次地理解科学技术？科技创新的故事不能仅局限在对真理的不懈追求，还应有历史、有温度，更要蕴含审美价值，有情感的升华和感染，生动有趣，娓娓道来。让中国古代科技创新的故事走向读者，让大众理解科技创新，这就是本套丛书的编写初衷。

全套书分为"丰衣足食·中国耕织""天工开物·中国制造""构筑华夏·中国营造""格物致知·中国知识""悬壶济世·中国医药"五大板块，系统展示我国在天文、数学、农业、医学、冶铸、水利、建筑、交通等方面的成就和科技史研究的新成果。

中国古代科技有着辉煌的成就，但在近代却落后了。西方在近代科学诞生后，重大科学发现、技术发明不断涌现，而中国的科技水平不仅远不及欧美科技发达国家，与邻近的日本相比也有相当大的差距，这是需要正视的事实。"重视历史、研究历史、借鉴历史，可以给人类带来很多了解昨天、把握今天、开创明天的智慧。所以说，历史是人类最好的老师。"我们一方面要认识中国的科技文化传统，增强文化认同感和自信心；另一方面也要接受世界文明的优秀成果，更新或转化我们的文化，使现代科技在中国扎根并得到发展。从历史的长时段发展趋势看，中国科学技术的发展已进入加速发展期，当今科技的发展态势令人振奋。希望本套丛书的出版，能够传播科技知识、弘扬科学精神、助力科学文化建设与科技创新，为深入实施创新驱动发展战略、建设创新型国家、增强国家软实力，为中华民族的伟大复兴牢筑全民科学素养之基尽微薄之力。

冯立昇

2018 年 11 月于清华园

　　茶是世界性饮料，也是中国的特产。中国人是最早发现并使用茶的，茶从中国出发，风靡世界！

　　茶为国饮，中国人在漫长的历史中积累了深厚的茶文化。茶既属于文人士大夫的高雅艺术，也是深入民间生活的"开门七件事"之一，从茶可以辐射到中国的文学、艺术、民俗、社会、经济等诸多方面，可以说，这小小的茶叶是中国传统文化的集大成者。

　　茶的发展离不开科学技术的推动，在对茶的几千年使用过程中，劳动人民通过长期的生产实践，在茶树栽培、茶叶制作、品饮技艺等各个方面都积累总结了丰富的经验。历史上第一部茶学专著《茶经》就是一部系统总结茶事的科学著作。自唐至清中国古代现存的茶学专著多达一百多部，历代关于茶的记载更是简牍盈积、浩如烟海。许多文人既是茶文化的创造者，也是茶科技的推动者：陆龟蒙辟茶园，苏东坡植茶树，李白发现茶的新品种，刘禹锡记载最早的炒青工艺，等等。有意思的是，古代茶科技的论述既出现在专著中，也大量出现在诗词歌赋散文里，茶科技与茶文化息息相关，彼此交融。

本书是一部关于古代茶科技的科普读物，概要性地为读者勾勒了古代茶叶科技的发展历程，主要围绕茶的使用历史、古代茶树栽培、茶叶制作技术和茶的品饮方法、技艺等几个方面来介绍分享。茶业历史悠长，文化博大精深，欲求面面俱到以汇千年于一册，既超出了这本科普小书的体量，也非作者能力所及，是以斟酌考量与其处处蜻蜓点水，未若有所侧重。本书的副标题为"唐煮宋点"，顾名思义，即是唐宋两朝的品饮方法，唐为煮茶，宋为点茶，品饮方式的变迁会一定程度上影响到制茶技术的革新，从而影响到从选育、采摘到茶具选用再到茶艺审美等各个方面。茶"兴于唐而盛于宋"，唐宋两朝是茶发展史上不可忽视的重要时期，这一时期出现了大量对中国文化影响深远，人们耳熟能详的文化巨匠，而他们又大多饮茶、爱茶甚至是茶科技史上的代表人物，如陆羽、蔡襄、赵佶，等等。了解唐宋茶事也是从一个侧面走进这一历史时期，走近这些历史人物的文化生活，而唐宋两朝的品饮方式与今天迥乎不同（我们今天的饮茶方式是从明代延续至今的），相比明清饮茶公众会更感陌生，也更有普及的迫切性。因此，本书在概述历代茶科技发展的同时对唐宋两朝做了相对重点的介绍。

作为一部科普读物，作者尽量采用通俗的叙述方式，力求做到轻松、易懂，为增加可读性，书中穿插了一些"花絮"（包括较长的图注），多为与正文相关联的茶史趣闻，虽为趣闻亦是史实，这些真实发生的趣事拉近了我们和古人的距离，生动地展现了历史的面目，希望读者能够喜欢。

这本科普小书，仅可作为大家认识了解古代茶文化的入门读物，若读者朋友经此一窥而对茶的文化产生了兴趣，书后列出的一些推荐书目，可供读者朋友们参考选阅。

冷帅
庚子秋于京华

目录
CONTENTS

其民質直好義土風敦厚有先民之

其藥物之異者有

之貴者有桃支靈壽其名山有涂籍靈之

臺石書邪山

戕天樹竹木之貴者有

鈎園有芳蒻香茗給客橙籐

潤鮮粉皆納貢之其果實之瑰者樹有荔支蔓有

蠶麻紵魚鹽銅鐵丹漆茶蜜靈龜巨犀山雞白雉黄

第一章 CHAPTER 1

茶的起源

当早春的阳光，轻轻催开茶园的薄雾，刚刚萌生的茶芽挺立着小巧、纤嫩的身躯映着明媚的春光等待着茶人的采撷，那个在微风中轻轻打颤的小身体有着怎样的魅力啊！她几经辗转来到我们的茶桌，将一生的苦涩甘甜、清幽馥郁在茶杯中慢慢舒展，鲜活绽放，绽放在茶园乡间，绽放在寺院禅房，绽放在蓬户瓮牖，绽放在玉户兰庭；绽放在唐宋八大家的雄文里，绽放在魏晋名士的笔墨边；绽放在画家的宣纸上，绽放在乐师的琴音里；绽放在李清照的眉头心上，绽放在董小宛的笑靥唇边；绽放在颜真卿一腔正义的浩然气，绽放在苏东坡万丈豪情的快哉风；绽放在万里河山，绽放在千年岁月！让我们走近这小小的身躯，品着她的形汤香味，追溯她的去脉来龙。

1-0-1

早春的茶园

茶的发现和使用是中国人对世界的一个重大贡献，茶是中国人最重要的饮品，茶文化也是中国传统文化中非常重要的一个部分，茶文化几乎可以辐射到中国传统文化的各个方面，是中国文化的集中体现，茶既是"琴棋书画诗酒茶"的高雅文化，也是"柴米油盐酱醋茶"的民俗生活，可珠环玉佩，可荆钗布裙，上得厅堂下得厨房。可以说，了解中国的文化不妨从茶文化开始。

茶树是起源于我国的一种多年生常绿木本植物。中国是茶的原产地，中国的西南地区是茶树最初形成的中心地区，至今在西南地区仍可见到大量的野生大茶树，云南地区的野生茶树资源尤其丰富。

1-1-1

云南野生古茶树 · 黄健 摄

在 1200 多年前陆羽创作的《茶经》中开篇即谈到"茶者，南方之嘉木也，一尺，二尺，乃至数十尺，其巴山峡川有两人合抱者，伐而掇之"，也就是说在 1200 年前的唐代，陆羽就在西南地区看到过高达数十尺，需两人合抱，树龄深久的野生大茶树了。

1-1-2

云南古茶树·*杨耀辉 摄*

中国不仅是茶的原产地，中国人也是最早发现和使用茶的。

关于中国人发现茶，有一个广为流传的神话：神农尝百草，日遇七十二毒，得茶而解之。在这个传说中认为最早是神农氏发现了茶，此外还衍生了许多关于神农氏发现茶的故事。神农氏是中国古代的农神，与农业和植物相关的起源往往追溯于他，许多古代的农书、医书也往往托名于他，比如《神农食经》《神农本草经》等，茶自然也不例外，是以茶有"发乎神农氏"之说。

1-1-3

神农氏·《历代古人像赞》·【明代】·朱天然 撰

我们常常认为特殊的发现往往来自某一位圣人，这在早期的传说中经常能够看到相似的例子，比如构木为巢的有巢氏、钻燧取火的燧人氏等，神农氏发现茶也是如此。我们说茶是远古先民在劳动实践中发现和使用的。茶的起源主要有食源和药源两种假说。

1-1-4

《神农本草经疏》·钦定四库全书·子部五

神農本草經疏　　醫家類

提要

臣等謹案神農本草經疏三十卷明繆希雍

撰希雍字仲淳常熟人王紹徽點將錄中有

其名以配水滸傳之神醫安道全以精於脉

理故也是編分本草為十部首玉石次草次

木次人次獸次禽次蟲魚次果次米穀次菜

让我们把目光投向湮远的史前时代，追溯茶饮的源起。

漫长的进化，终于让人类揖别猿族近亲，脚步坚实地走向这个星球的物种之巅。然而在迈向文明的进程中，人类还需要历经一个很长时期的原始社会阶段。

原始社会人类的食物获取主要来自狩猎和采集，那时，整个地球上的人类主要就是从事这两项工作，两大工种称霸全球。狩猎为原始人提供动物性食物，采集则提供植物性食物。今天，随着生活的富足，很多朋友都更喜欢吃肉，有的朋友更是号称"无肉不欢"，但是，在我们人类相当长的历史时期里，我们的饮食结构是偏素的，这是因为在狩猎技术并不发达的原始时代，采集能提供更稳定的食物来源，可以说大自然就是原始人类的天然食品超市。

大自然的超市里，植物种类繁多，茶同样标列其中，供人挑选。早期茶叶在成为饮料之前极有可能是以食物的身份走入人类生活的。有意思的是，一般来说，优先被采集的往往是营养丰富、口感甘爽、有良好饱腹效果的植物果实，所谓"上古之时，民食果蓏蚌蛤……"，果蓏就是指采食植物的果实、根茎等，而茶却是叶用植物。茶树的叶子由于含有咖啡碱和茶多酚，生食比较苦涩，口感并不好，人有趋甘避苦的本能，那么是什么让人们愿意继续食用这一植物呢？随着文明的推进，饮食文化有了长足的发展，新石器时代已能看到陶器的大量使用，而早期陶器多与饮食有关，甑、釜、鼎、鬲（lì）、盘、罐、瓮、钵，皆是也。伴随着陶器的使用，烹煮成为食品加工的重要方式。茶叶在烹煮的过程中去除了生吃的弊端，体现了汤饮的优势，终于在万千植物的叶子里，脱颖而出，发展成为影响深远、饱含文化价值的饮品，不由让人感叹：这真是"神来之笔"！也就无怪乎古人要将之归功于神仙圣人了。

1-1-5

鬲 · 冷帅 摄

用来炊煮的食器，此图为陶鬲。

【陕西历史博物馆藏】

1-1-6

师趛（yǐn）鬲 · 故宫博物院 供图

青铜器的鬲

【故宫博物院藏】

1-1-7

兽面纹甗 · 故宫博物院 供图

下部的鬲和上部的甑组合起来就是甗（yǎn），相当于今天的蒸锅啦！

【故宫博物院藏】

除了食用起源说，药用起源说也被大家广泛认同，上文谈到的"神农尝百草，日遇七十二毒，得荼而解之"的传说即是这一说法的体现。实际上，采集植物的过程中人类也在不断地认识植物，哪些能吃，哪些不能吃，哪些又有着什么功用，每一个偶然的发现都被作为经验累积在人类社会里，指引他人如何趋避，"古者，民茹草饮水，采树木之实……尝百草之滋味，水泉之甘苦，令民知所辟就"。所谓"日遇七十二毒"的传说正是远古先民在和凶险的自然搏斗中不断集教训为经验的深刻记忆。茶，作为有着诸多保健功能的植物，在早期人类生活中大概提供了很多良好的体验，由此有了药用的实践，由食品而药品再过渡发展为饮品。

中国见于史册，有史可考的使用茶的历史也有三千多年，成书于东晋时期的我国最早的地方志《华阳国志》中记载："周武王伐纣，实得巴蜀之师……鱼、盐、铜、铁、丹、漆、茶、蜜、灵龟、巨犀、山鸡、白雉、黄润、鲜粉，皆纳贡之。"四川巴蜀之师助周武王伐纣成功后，向武王进贡的贡品中就有茶。以周朝建立于公元前 11 世纪，则四川先民识茶久矣！

存焉會諸侯於會稽執玉帛者萬國巴蜀往焉周武

王伐紂實得巴蜀之師著乎尚書巴師勇銳歌舞以

凌殷人倒戈故世稱之曰武王伐紂前歌後舞也武

王既克殷以其宗姬於巴爵之以子古者遠國雖大

爵不過子故吳楚及巴皆曰子　其地東至魚復西

至僰道北接漢中南極黔涪土植五穀牲具六畜桑

蠶麻苧魚鹽銅鐵丹漆茶蜜靈龜巨犀山雞白雉黃

潤鮮粉皆納貢之其果實之珍者樹有荔支蔓有辛

蒟園有芳蒻香茗給客橙葵　其藥物之異者有巴

戰天樹竹木之蜀者有桃支靈壽竹其名山有塗籍靈

臺石書邡山　其民質直好義土風敦厚有先民之

关于茶的记载 · 《华阳国志》

《尔雅》是儒家十三经之一，也是中国最早的词典，大约成书于秦汉之际，在《尔雅》中就提到了"槚，苦荼"，东晋郭璞的注释中说"树小如栀子，冬生，叶可煮作羹饮"。槚是茶的别名，荼是茶的假借字，早先没有茶这个字，于是将荼字借过来使用。到唐代，由于茶的使用量越来越大，于是去掉"荼"字一小横，单独发明了茶字，茶字最早规范于唐代的《开元文字音义》。因为荼字早先常用来代表茶，所以有些朋友认为，《诗经》当中就有了茶的记载："周原膴膴，堇荼如饴"，"谁谓荼苦，其甘如荠"。但是这里的荼字其实并不指茶，而是指古代中原的一种苦菜，这也是荼字的本义。

李也一名雀梅亦曰車下李所在山皆有其華或白或赤六月中熟大如李子可食

常棣棣注今關西有棣樹子如櫻桃可食疏棣一名棣

郭云今關西有棣樹子如櫻桃可食詩小雅云常棣之華陸璣疏云許慎曰白棣樹也如李而小如櫻桃正白今宮園種之又有赤棣樹亦似白棣葉如刺榆葉而微圓子正赤如郁李而小五月始熟自關西天水隴西多

之有

檟苦荼注樹小如梔子冬生葉可煑作羹飲今呼早采者為荼晚取者為茗一名荈蜀人名之苦荼音義檟古雅反荈昌悅反茗莫井反

與檟同荼音徒下同埤蒼作搽案今蜀人以作飲音真加反茗之類茗荈亡頂反荈尺兖反荈槎茗其實一也張

1-1-9

《尔雅》中记载的"槚，苦荼"·《钦定四库全书》

说明　书页中的小字即是郭璞的注释，在这个注释里我们可以看到对茶的描述，并且还提到"早采者为茶，晚取者为茗，一名荈"，这都是茶的别名。

除了这两个字外，我们还会看到古人的几个茶的别名：蔎、茗、荈。茗字我们现在还常见，蔎字出于汉代扬雄的《方言》（陆羽《茶经》辑录），其中说，汉朝四川西南地区的人把茶叫作蔎；荈字我们现在很少见到，但是在古代却很常用，经常用它来指茶。汉朝时大文豪司马相如曾经作过《凡将篇》，其中就写到了这个荈字（陆羽《茶经》辑录）。

1-1-10

汉代印章中的"荼"字·《汉印分韵合编》

可以看出其中有的字形已经简省一横向"茶"字演变了

汉朝时还发生了这样一件事，有一个文人叫王褒，一天因事借住在一户人家，却一不留神惹恼了这家里的一个叫便了的仆人，便了拿着一个大棒子，哭诉王褒的不好，王褒很生气就把这个仆人买了下来，仆人很不情愿到了王家，于是要求王褒给他订立一个《僮约》，也就是合同，并且声明以后合同里没有的活儿一概不干，于是王褒挖空心思，把所有能想到的活儿都写到了这份《僮约》当中，便了一看不胜其苦，只好和王褒达成和解。这篇文章虽然带有游戏的性质，但是文章当中所写的全都是汉朝时期人们日常生活当中，必须要做的那些家务事，其中有两句在茶史上很重要，即"烹茶尽具""武都买茶"，这说明汉朝时茶已经进入人们的日常生活，而且茶喝完了还有专门进行茶叶买卖交易之地，即武都（有版本写武阳），即今天四川彭山。

《三国志·吴志》中还记载了一条很有意思的史料，东吴政权的孙皓（孙权的孙子）是吴国的末代皇帝，他不务正业，喜欢吃喝玩乐，尤其喜欢喝酒，他规定和他在一起喝酒，必须以七升为标准，其中有一位大臣叫韦曜，平常喝酒从来没有超过两升（有版本为三升），难以达标，十分苦恼。还好，孙皓比较喜欢韦曜，于是就替韦曜想了一个好办法，他让宫女给各位大臣送酒时，给韦曜的酒壶里，悄悄装的是茶，让他用茶来代替酒（密赐茶荈以当酒），于是在同事们的眼里，韦曜酒量大涨，千杯不醉。孙皓虽然没干过什么正经事，却开了以茶代酒的先河。

▶

1-1-11

孙皓以茶代酒的记载·《三国志·吴志》

此人家篋篋中物耳又晧欲為父和作紀曜執以和不

登帝位宜名為傳如是者非一漸見責怒曜益憂懼自

陳衰老求去侍史二官乞欲成所造書以後業別有所

付皓終不聽時有疾病醫藥監護持之愈急晧每饗宴

無不竟日坐席無能否率以七升為限雖不悉入口皆

澆灌取盡曜素飲酒不過三升初見禮異時常為裁減

或密賜茶荈以當酒至於寵衰更見偪彊輒以為罪又

於酒後使侍臣難折公卿以嘲弄侵克發摘私短以為

那么这一时期人们是如何喝茶的呢？据《茶经》辑录的《广雅》中记载，三国时采湖北、四川地区的茶叶，做成茶饼，这也是最早的关于加工制作茶饼的记载，我国加工制作饼茶的历史，由此可以上溯至 1800 年前的三国时期，那时压制茶饼的技术不高，难以压实，于是在压制茶饼的过程中，要兑上一些米汤，利用米汤的黏性，来黏合茶饼。喝茶之前，先要把茶饼在火上烤到颜色发红，然后捣成碎末，放置在瓷器里，用开水去浇它，最后，还要放上一些葱和姜来调味。"荆巴间采叶作饼。叶老者，饼成以米膏出之。欲煮茗饮，先炙，令赤色，捣末置瓷器中，以汤浇覆之。用葱、姜、橘子笔之，其饮醒酒，令人不眠。"当时人们还发现茶有醒酒和提神的功效。《广雅》的这条记载对于茶学来说很是珍贵。

到魏晋南北朝时期，关于茶的记载多了起来，这大约与茶在人们生活中越来越普遍地被使用，尤其是在文人阶层中的渐趋普及密切相关吧。《茶经·七之事》一章对这一时期的茶人茶事做了详细的收集整理。

大约1700多年前的一天，西晋文学家、大名士左思在庭院中看到他的两个小女儿正在园中玩耍。他的一双女儿长得白皙美丽，偏又活泼好动，在庭院中跑来跑去，"贪华风雨中，倏忽数百适"。玩着玩着，大概是渴了，两个小姑娘跑到煮水的炉子前吵着要喝茶，可是水显然还没烧好，于是她们就对着炉口呼呼地往里吹气，希望能加快煮水的速度。看着女儿们通红的脸，鼓着小腮帮子的可爱样儿，左思忍俊不禁，他立刻返回书房，展纸研磨，把女儿们嬉戏的样子描摹下来，写下一首《娇女诗》，其中有"心为茶荈剧，吹嘘对鼎铴"的诗句。这首诗也被《茶经》节录为古代最早的写有茶的诗歌。

芳襦袨纖延裦秋髮陽春羅儒吟吳公連眺朱顏離

縫脣眇眇之態呀嗷出焉若其遊怠魚弋鄰公之徒相

與如平陽煩巨沼羅車百乘期會投宿觀者方隄行船

競逐僮行檄曳綈索忱惚羅畏瀰瀕蔓蔓湯湯龍雕邲

兮絭布列枚孤施兮纖繁出驚雌落兮高雄麌翔雕挂

兮眔繁畢俎飛膾沉單然後別

三都賦有序

晉　左　思

蓋詩有六義焉其二曰賦揚雄曰詩人之賦麗以則班

固曰賦者古詩之流也先王采焉以觀土風見綠竹猗

狷則知衛地淇澳之產見在其版屋則知秦野西戎之

宅故能居然而辨八方然相如賦上林而引盧橘夏熟

揚雄賦甘泉而陳玉樹青蔥班固賦西都而歎以出比

目張衡賦西京而述以游海若假稱珍怪以為潤色若

斯之類匪啻於茲考之果木則生非其壤校之神物則

出非其所於辭則易為藻飾於義則虛而無徵且夫玉

巵無當雖寶非用修言無驗雖麗非經而論者莫不詆

1-2-1

《三都赋》·左思

左思的《三都赋》是历史名篇 ，当时大家争相传抄这篇文章，
以致洛阳城里纸张的价格都上涨了，留下"洛阳纸贵"的成语。

魏晋是中国文化史上一个很独特的时代，在这一时期形成的魏晋风度对后世有着很大的影响。文人们表现出不同以往的精神气质，追求精神自由和个性独立。在表现形式上他们往往或任诞，或狂放，或清雅，或简淡，淡泊功名之志，寄情山水之间。

　　这其中颇多爱好饮茶者，由于魏晋时名士们在社会上有着十分重要的典范作用，因此可以想见他们好茶饮茶，客观上必然推动了茶的进一步普及。

　　除上文所述的左思外，刘琨也是名满天下的大名士，他是西晋及十六国时期很有影响力的文人，年轻时他和好朋友祖逖一起发奋习艺，留下"闻鸡起舞"的成语，他和这一时期的名士一样风度翩翩，喜好清谈，是西晋时著名的"二十四友"的成员，同时他还有着很高的音乐造诣。然而就是这么一个文人、艺术家却在中原战乱之时，挺身而出，以锲而不舍的精神在强敌环伺的恶劣境况下坚守晋阳，他的"何意百炼刚，化为绕指柔"的诗句千年来感动了许多人。这位刘琨就很喜欢饮茶，而且对茶也有一定的了解，他在给侄子的一封信《与兄子南兖州刺史演书》中写道："前得安州干姜一斤、桂一斤、黄芩一斤，皆所须也，吾体中溃闷，常仰真茶，汝可置之。"大老远的特地向他的侄子要茶，希望侄儿想办法给他寄来。信中还说明要茶的原因，"吾体中溃闷，常仰真茶"，当心中烦闷之时是必须要用茶来排遣的。路途遥迢，在交通工具不发达的古代，如果不是特别需要，想必刘琨是不会这么麻烦侄子的。

刘琨有一个超级"粉丝"，就是东晋大将军桓温。桓温很有才干，曾经灭掉割据在四川的成汉，为东晋王朝收复四川立下功劳。《晋书》中记载：桓温做扬州地方官的时候非常节俭，每次宴会，只有七盘菜品和一些茶果而已。"桓温为扬州牧，性俭，每讌饮，唯下七奠，拌茶果而已。"

苗清野軍糧不屬收三千餘口而還帝使侍中黃門勞
溫于襄陽初溫自以雄姿風氣是宣帝劉琨之儔有以
其比王敦者意甚不平及是征還於北方得一巧作老
婢訪之乃琨妓女也一見溫便潸然而泣溫問其故答
白公甚似劉司空溫大悅出外整理衣冠又呼婢問婢
云面甚似恨薄眼甚似恨小鬚甚似恨赤形甚似恨短
聲甚似恨雌溫於是褪冠解帶昏然而睡不怡者數日
母孔氏卒上疏解職欲送葬宛陵詔不許贈臨賀太夫

◀

1-2-2

关于刘琨“粉丝”桓温的记载

说明 大将军桓温是刘琨的“粉丝”。图中这则记载很有意思，说桓温访得一位老妪，乃是当年刘琨身边的婢女，老太太一见桓温就说他长得像刘琨。桓温喜不自胜，问到底哪儿像，老太太说了半天，结果是哪儿都有点儿像，又哪儿都差点，桓温很是郁闷。

元嘉三大家之一鲍照的妹妹鲍令晖也是一位才女，《诗品》评价说“令晖歌诗，往往崭绝清巧”，由于年代相对久远，鲍令晖的生活记载现在很少，但我们却可以相信这个才女是爱茶的，因为鲍令晖曾经写过歌咏茶的佳作——《香茗赋》。有意思的是，据《续茶经》辑录：宋代时姑苏女子沈清友，写有《续鲍令晖香茗赋》，两个爱茶的女子隔着悠远的时空遥相呼应，共赋香茗。

陆羽在《茶经》中自认在魏晋之际他有一位陆姓远祖叫作陆纳，陆纳是东晋的一位名士，官做得也不小，他有这样一则轶事。

据《晋中兴书》记载：陆纳做吴兴太守的时候，卫将军谢安要到陆纳的家中去拜访他，谢安是位了不起的人物，他可算得上是东晋名士的领袖，天下无人不识此君，以至于他想要退隐林下皆不可得，大家说："安石不出将如苍生何"，非要他东山再起不可。这样一位重量级的大人物造访，岂可慢待。陆纳的侄子陆俶看到陆纳没什么准备，又不敢问叔叔，于是便私下里准备了丰盛的菜肴。等到谢安来到的时候，陆纳用来招待谢安的只有清茶、水果，陆俶见状赶忙摆下早已准备好的宴席，请谢安大吃一顿。等到谢安离去，陆纳却打了侄子四十板子说，你既然不能给你的叔叔增光，为什么反倒来破坏我朴素的作风，玷污我俭德的令名呢？在陆纳看来用"珍馐必具"的筵席来招待大名士谢安是可耻的，而用清茶却是最恰当不过的。这样的观点也正符合陆羽在《茶经》中所倡导的"精行俭德"的精神。

1-2-3

精行俭德·刘博 摄

说明 茶人们非常重视"精行俭德"的茶道精神，图中是北京的一家茶庄将"精行俭德"四字的篆书书法写在门头上（篆书字为书法家陈锦捷书写）。

魏晋时期最值得一提的是文学家杜育创作的《荈赋》，这也是中国最早的歌颂茶的赋体文。茶圣陆羽对《荈赋》就十分重视，在《茶经》中多次引用其中的语句。杜育是西晋时人，与前文所述的左思、刘琨一样是西晋时著名的名士集团"贾谧二十四友"之一。他的这篇《荈赋》可说是字字珠玑，文采斐然。《荈赋》较全地记载了晋朝时茶叶从种植到品饮的过程。他高度赞扬茶，说茶是"灵山惟岳，奇产所钟"；茶要种在土壤肥沃的地方，要有雨水甘霖的灌溉，"承丰壤之滋润，受甘霖之霄降"；谈到了喝茶用水的问题，"水则岷方之注，挹彼清流"，要酌取那岷山上流下的清泉；谈到了茶具的选择，"器择陶简，出自东瓯；酌之以匏，取式公刘"；茶煮好后的样子是"沫沈华浮"，说明在晋朝的时候，人们已经喜欢茶汤表面的汤花泡沫了，那汤花如此美丽："焕如积雪，晔若春藪"。杜育对茶高度喜爱，赞扬起来，毫不吝惜美辞。在这篇赋中，我们还看到了最早的采秋茶的记载："月惟初秋，农功少休，结偶同旅，是采是求。"《荈赋》有着极高的茶学学术价值，是一篇兼具学术与文学价值的华章。

青山育灵芽 · QINGSHAN YULINGYA

烟霭树参差 · YANAI SHUCENCI

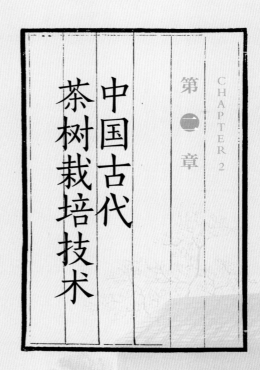

第一章　CHAPTER 2

中国古代茶树栽培技术

我国是人工栽培种植茶树最早的国家，我国的劳动人民通过对茶叶的长期观察、使用，总结出了栽培茶树的有效方法，并付诸实践。

2-0-1

中国清代外销画·茶叶生产

在中国早期地方志晋朝常璩的《华阳国志》中有"园有芳蒻、香茗"的记载，园中的香茗自然是人工栽培的，说明在四川地区很早就已开辟茶园种植茶树了。

2-1-1

开辟茶园种植茶树的记载·《华阳国志》

到了唐代，劳动人民在漫长的历史中积累了非常丰富的经验，对茶叶种植已经有了相对详细的记载。

在《茶经》一书中，陆羽对适宜种植茶树的土壤做了分类，他说："其地，上者生烂石，中者生砾壤，下者生黄土。"种茶的土壤可以分为三类，即烂石地、砾壤地和黄土地。其中，最适宜种植茶树的是烂石地，所谓烂石地是指岩石已经风化但风化未久，土壤中还含有碎片细屑的土地，此种土地土壤中砾沙含量高，所谓"带沙土壤出好茶"，这样的土地，土质疏松，排水透气性好，茶树根系发达，矿物含量高，微量元素也丰富，此外烂石地腐殖质多，有机物丰富，肥力较高。综上原因，这样的土地种出来的茶树，鲜叶中茶多酚、氨基酸等内含物就要丰富得多。而陆羽所说的黄土地是指土质贫瘠，土壤中黏粒含量高、易黏结成块，透气、吸水性都比较差，肥力低下不适宜种茶树的土壤，而砾壤则介乎二者之间，黏粒较少，透气性好，但肥力略低的土壤。所以，名优好茶常出于烂石、砾壤之地。我们看，唐代对宜茶土壤已经有了非常清晰的认识。

根据陆羽《茶经》和韩鄂《四时纂要》的记载，经过长期的经验总结，到了唐代人们已经掌握了一套茶叶栽培种植的方法。"法如种瓜，三岁可采"（《茶经》）。种茶要像种瓜一样，种植三年后就可以采收了。茶树的种子是头一年采下来的，和湿沙土搅拌在一起，放在筐里，上面盖上草，以免冬天冻伤。第二年的春天取出来种茶。在树下或北阴之地挖一个直径约 3 尺、深 1 尺的圆坑，在坑底放入一些和土拌匀的粪作肥料，每个坑里撒六七十颗茶籽，然后在上面盖上一寸厚的土，每隔两尺远挖一个同样的坑种茶，天旱不下雨的时候就浇淘米水，这样三年后采收时，每亩地可以收茶 120 斤。

中国清代外销画 · 种植茶

在古代，茶的种植为种子直播，一般不采取育苗移栽的方法，由于技术难以掌握，故古人普遍认为茶树不能移栽，陆羽《茶经》中即说"植而罕茂"。"植"是指移植，这句话是说，茶树在栽培之前要选好地点，种植后就不要轻易移栽，茶树经过移栽后就很少能长得茂盛了。中国古代民间订婚时有"下茶礼"的婚俗，即订婚时男方给女方的聘礼中要送茶叶，称之为"下茶"，女方若接受了，称之为"受茶"，受了茶就表示同意了这门亲事，确定了婚姻关系，不可更改，就像茶树一样，既种到了你家就不会移植到别家，所谓"一女不受两家茶"是也。这个婚俗其实就是从茶树"植而罕茂"的这个特性衍生出来的。明代人许次纾的《茶疏》中说："茶不移本，植必子生。古人结婚，必以茶为礼，取其不移植子之意也。今人犹名其礼曰下茶。"《红楼梦》第二十五回里写王熙凤送给林黛玉茶吃，然后故意跟黛玉开玩笑说："你既吃了我们家的茶，怎么还不给我们家作媳妇？"把黛玉说得羞红了脸，这里王熙凤当然也是用"下茶"这个婚俗来开的这句玩笑，追本溯源还是因为茶树不便移植这个习性。

2-1-3

王熙凤利用茶的特性和林黛玉开玩笑

当然，普遍规律中也有特例，宋代的大文豪苏东坡就曾经移植成功过，他看到松树下长的茶树实在瘦弱不好，于是便将茶树小心翼翼地移植到土质松软肥沃、雨水丰沛的白鹤岭上，效果居然很好，这真是很不容易，所以苏东坡很得意地写诗记录这件事："松间旅生茶，已与松俱瘦……移栽白鹤岭，土软春雨后，弥旬得连阴，似许晚遂茂"。

2-1-4
茶园环境

古人在种茶制茶的过程中对茶树的品种也逐渐有了认识，唐宋诗文中有很多记载，在宋代宋子安的茶学专著《东溪试茶录》的"茶名"一节中一下就罗列了七个茶树品种：

▶ 白叶茶

我们后文会谈到宋代茶色贵白，所以这种白叶茶在当时最受推崇，"芽叶如纸，民间以为茶瑞"，即视为祥瑞之茶，但也并非没有缺点，这种茶的香气味道都比较淡。

▶ 柑叶茶

树高丈余，叶片圆、叶肉厚，有些像柑橘的叶子，发出的芽有两寸多长，芽头肥白。

▶ 早茶

样子也像柑橘的叶子，早春时节就能发芽，故名早茶。

▶ 细叶茶

叶子比柑橘的叶子细薄，树高大概五六尺，发出的芽比较短。

▶ 稽茶

叶片细而叶肉厚，发芽晚而颜色青黄。

▶ 晚茶

顾名思义可知发芽更晚，社日之后方才发芽（社日：立春之后的第五个戊日）

▶ 丛茶

也叫蘖茶，一丛一丛的聚在一起生长，高下数尺，是一种灌木型茶树。

这也是最早的一份关于茶树种类的分类记载了，由此记载可知，早在宋代，人们对各品种茶树的形态特征和品质特点已有了充分的认识。

烟霭树参差
——古代茶园管理

　　古人在劳动中还总结出茶树既需要阳光又不能晒大太阳,陆羽《茶经》中说种茶要"阳崖阴林",既要种在向阳的山坡上,又要有其他的植物给茶树遮阴。这是因为茶树既需要有阳光照射以完成光合作用,又有耐阴的特性,喜欢漫射光,不喜直射光,《四时纂要》中也说"此物畏日",所以种茶要找树下或北阴之地,又或者"桑下、竹阴地种之皆可"。宋代的时候,已经开始主动种植为茶树遮阴的植物了,赵佶的《大观茶论》记载:"植产之地,崖必阳、圃必阴","今圃家皆植木以资茶之阴"。宋代人还提出遮阴之树需与茶树相宜,赵汝砺

2-2-1

果树与茶树间种·王君 供图

说明 茶树种在果树的下面,高大的果树为茶树遮阴。

的《北苑别录》中特地举了桐木的例子："唯桐木则留焉，桐木之性与茶相宜，而又茶至冬则畏寒，桐木望秋而先落，茶至夏而畏日，桐木至春而渐茂。"到了明代，罗廪在《茶解》中进一步从文人审美的角度提出与茶树间种的树木如何选择："茶园不宜杂以恶木，惟桂、梅、辛夷、玉兰、苍松、翠竹之类，与之间植，亦足以蔽覆霜雪，掩映秋阳。其下可莳芳兰、幽菊及诸清芬之品。"上面有品质清雅的松竹等较高大的植物为茶树遮阴蔽阳，下面有芳兰、幽菊助益香气，可以想见，茶园中是一派悦目养心的优质生态环境。

唐代的茶园应该已经很多了，虽然《茶经》中有"野者上，园者次"的说法，陆羽崇尚野生茶也不乏有物以稀为贵的原因，考虑到唐代茶饮已经达到"两都并荆、渝间，以为比屋之饮"的程度，仅靠野生茶显然难以供应。到了宋代，宋人是非常重视茶园管理的，赵汝砺的《北苑别录》中提出了"开畬"的概念，每到夏天，草木茂盛的时候，要把滋蔓的野草，长得过于茂盛的杂树砍伐掉，以便为茶树"导生长之气而渗雨露之泽"，同时用割掉的杂草为茶树培肥，这个过程称为"开畬"。明代《茶解》中谈到了茶园的耕作："茶根土实，草木杂生则不茂。春时薙草，秋夏间锄掘三四遍，则次年抽茶更盛。茶地觉力薄，

当培以焦土。"茶园中在夏秋时节要多次打理茶园，锄草培肥，这里的"焦土"其实就是一种肥料，是用锄下来的杂草加上土，用火烧过之后形成的含有养分的土，当茶园中土地肥力不足时，把这种土培在茶根旁边。

清代以后，压条繁殖，茶树修剪台刈等技术逐渐出现，劳动人民在前人的经验基础上发挥聪明才智，总结创新，使茶树栽培技术蓬勃发展，不断前进。

2-2-2

云雾缭绕的茶园

说明　依稀可见树木遮阴下的茶树，云雾天气也造成了漫射光，所以民间有"高山云雾出好茶"的说法

在宋代的茶文化中，苏东坡占有着重要的一席，我们在后文谈到宋代茶文化时还会提到他。

苏东坡擅于种茶、精于品饮，还热情洋溢地把品茶的感受和体会流于笔端，写入诗词。他留下了大量的茶诗词，这些茶诗词不单是宝贵的茶文化文献，也充满了生活趣味。有一次苏东坡在一天之内饮了七碗酽茶，颇觉身体舒爽，于是写下了这样一首诗：示病维摩元不病，在家灵运已忘家。何须魏帝一丸药，且尽卢仝七碗茶。

还有一年冬天，大雪初晴，苏东坡做梦，梦见用雪水烹小团茶，名茶好水，喝得很是高兴，在梦里他还做了一首诗，可惜醒来却忘了，只记得一句"乱点余花唾碧衫"，梦是续不上了，于是他把诗续完，写成两首回文诗：

酡颜玉碗捧纤纤，乱点余花唾碧衫。
歌咽水云凝静院，梦惊松雪落空岩。

空花落尽酒倾缸，日上山融雪涨江。
红焙浅瓯新火活，龙团小碾斗晴窗。

诗的妙处在于无论从头读到尾还是从尾读到头，顺读倒读都成篇章，真是令人惊叹。（感兴趣的朋友可以从最后一个字逐字念回来，看看是不是还是两首茶诗。）人们在赞叹苏东坡才华的同时也不免感慨：连做梦都在饮茶、写茶诗，真是一位痴迷的爱茶人啊！

其一：

酡颜玉碗捧纤纤，乱点余花唾碧衫。
歌咽水云凝静院，梦惊松雪落空岩。

其二：

空花落尽酒倾缸，日上山融雪涨江。
红焙浅瓯新火活，龙团小碾斗晴窗。

其一：

岩空落雪松惊梦，院静凝云水咽歌。
衫碧唾花余点乱，纤纤捧碗玉颜酡。

其二：

窗晴斗碾小团龙，活火新瓯浅焙红。
江涨雪融山上日，缸倾酒尽落花空。

（左边为正读，右边为倒读，正读倒读皆可成诗）

第二章
CHAPTER 3

大唐茶道

我们沿着历史的千年画廊走入气象万千的煌煌大唐！唐代，也是茶文化开始走向兴盛的时期，因此茶史上素有"茶兴于唐"的说法。

唐代，相对于之前的南北朝时期气候更为温暖，这为茶树的种植提供了良好的自然条件，进而为茶文化在唐代的发展兴盛提供了物质基础。

唐代茶文化的兴盛，首先体现在中唐时期诞生了世界历史上第一部茶学专著——《茶经》。

茶圣陆羽与《茶经》

《茶经》是由茶史上伟大的茶学专家陆羽撰写完成的。

陆羽被称为"茶圣"，他生于中唐时期，是复州竟陵人（今湖北天门）。陆羽是个孤儿，不知道是谁家的孩子。三岁的时候，陆羽被竟陵龙盖寺的智积和尚在水边捡到，出家人慈悲为怀，不能看着这个孩子饿死，于是就把他领养到寺庙当中，所以茶圣陆羽是在寺庙中长大的。长大后，陆羽用易经卜卦，卜得渐卦，渐卦上九爻辞为："鸿渐于陆，其羽可用为仪，吉。"于是就从这句爻辞中取名字：姓陆，名羽，字鸿渐。

茶圣陆羽像·冷帅 摄

【杭州中国茶叶博物馆】

陆羽大概长到八九岁的时候，有一天突然跟他师父提出要学习。学习本是好事，可是陆羽要学什么内容呢？他说，我要学习儒家经典。可是师父是希望他学习佛经的，师徒两人各执一端，都不肯退让，师父很生气，于是惩罚他，让他干很多苦力活儿，比如放 30 头牛，我们想想，一个八九岁的孩子，放 30 头牛，十分辛苦。陆羽在干活儿之余很认真地学习，没有人教，他就自学，放牛时折着竹枝子，在牛的背上一边放牛，一边练习写字。有的人看这孩子如此好学，就送给他一篇张衡的《南都赋》，陆羽如获至宝，虽然很多字都还不认识，但他也把文章放在面前，学着学堂里孩子的样子，假装认识，念念有词地读着。

后来，师父派了一个师兄看管他。这位师兄一看见陆羽学习，就责打他，所以陆羽很伤心。有一天陆羽流着眼泪说："日子这样一天天过去，而我却总不能读书，我不能再这样过下去了！"有一天陆羽终于逃离了寺庙，从寺庙里跑出去之后，陆羽在一个戏班子里找到了工作。于是他一步踏入演艺圈，成为一名戏曲演员。据《陆文学自传》记载："以身为伶正，弄木人、假吏、藏珠之戏"，由此可见，陆羽的戏路很宽，会演木偶戏，会魔术杂技，还很擅长滑稽表演。我们可以想见，生活中的陆羽一定是一个非常幽默的人。

陆羽的演技非常好，被召为"伶正之师"，成了演员们的教习，史书上说他"作诙谐数千言"，大概是创作了喜剧剧本，或者是喜剧理论著述，这使他很快成为竟陵演艺界的明星！有一次，竟陵太守李齐物来看他演戏，非常喜欢，认为陆羽是一个不可多得的人才，于是送给他书籍，让他继续读书。后来，陆羽还曾就学于当地知名的大学问家火门山邹夫子。经过刻苦地学习，陆羽逐渐成为当地最著名的年轻学者。

陆羽的好朋友多是学者、诗人，比如一代诗僧皎然，比如竟陵太守、诗人崔国辅，再比如时任湖州太守的大书法家颜真卿。颜真卿和陆羽是特别要好的朋友，所以陆羽就长期居住在湖州。陆羽的这部《茶经》也是在湖州创作完成的。陆羽在湖州的时候还协助颜真卿搞了一个文化工程：颜真卿当时在湖州主编了一套工具书叫《韵海镜源》，邀请陆羽做了这部书的主笔。

3-1-2

三癸亭·湖州杼山·冷帅 摄

说明 颜真卿完成《韵海镜源》后在湖州杼山上修筑三癸亭，此亭是陆羽与颜真卿友情的见证

翻阅史书典籍，我们看到陆羽有很多突出的优点，史书上说他有多方面的才华，"有文学多意思，耻一物不尽其妙"，也就是说陆羽对当时的每个领域都精通。只要有一个领域没有精通，他就会觉得可耻。可以想见，陆羽是一个学识渊博、多才多艺的通才。很可惜的是陆羽的作品现在大多数都找不到了。比如陆羽创作的诗歌，我们现在能够找到的完整诗歌仅有两首，惜乎！

3-1-3

陆羽阁·湖州长兴大唐贡茶院·冷帅 摄

陆羽不仅勤学多才，在道德上也对自己有着很高的要求，他的朋友有了什么优点，他就像自己有了这个优点一样，特别的高兴，要是朋友有什么缺点，就像自己有了这个缺点一样，一定要规劝朋友，以至于最后得罪这个朋友。这是一般人很难做到的，就连孔老夫子都只是"忠告而善道之，不可则止"，况乎他人。

陆羽还经常出去郊游，但是他和我们郊游的方式不一样，他常常独自行走在山野之中，敲敲树木，吟诵诗歌，兴尽之后便大哭而归。我们今天也许会觉得这不是有毛病吗？但是我们发现史书上谈到这段的时候，并没有说陆羽有病，反而说"时谓今接舆也"，当时的人互相传说："陆先生，就是今天的接舆呀。"接舆是春秋时期楚国的隐士，孔子当年到楚国去，接舆路过孔子的车队就唱歌："凤兮凤兮，何德之衰，往者不可谏，来者犹可追，已而，已而！今之从政者殆而！"后来有个性的知识分子都自比接舆，比如李白曾写诗说"我本楚狂人，凤歌笑孔丘"，我就是楚国的狂人接舆，我就敢唱着"凤歌"去笑话孔子。但是李白是自己说，而陆羽是当时大家这样说。

另外需要提到的是，陆羽是一个守诚信，重承诺的人。史书上说他"与人期，雨雪虎狼不避也"。只要跟人约定好，不管刮风下雪，还是路上虎狼出没，都一定要去赴约。散文家林清玄读《陆羽传》的时候，读到这一段非常感动，他想象着陆羽在"千里的雪原奔赴朋友的茶会"，他说那一刻一定是天地之间都飘散着茶香。

陆羽还有一个突出的特点，就是他有这么大的才华，却不去当官，既不参加科举考试，也不让别人推荐自己。后来朝廷特地请他来做官，先后两次授予他官职，他都辞官不就。所以当时的人都称他为"陆处士"（唐代有做官的资格而不去做官的人称为"处士"，后来这个词叫俗了，当不上官的都尊称一声"处士"，而陆羽是真正的处士！）。

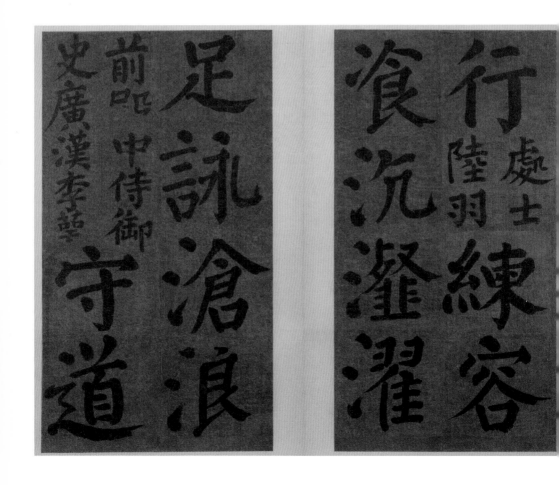

3-1-4

《楷书竹山堂连句册》· 颜真卿 · 故宫博物院 供图

在这个连句册页中我们可以看到颜真卿称陆羽为处士。

【故宫博物院藏】

说明 唐大历九年（774年）三月，在湖州担任刺史的颜真卿来到潘述家中的"竹山堂"与一众好友相聚，参与聚会的朋友中就有茶圣陆羽，古代文人雅集相会自然要吟诗，他们每人各作两句诗，依次吟咏，连缀成篇，于是就有了这个《竹山堂连句》

谈到这儿，我们介绍一首陆羽的诗歌，叫《六羡歌》，前文提到陆羽的诗歌现存完整的只有两首，这便是其中一首。

《六羡歌》

不羡黄金罍，不羡白玉杯，

不羡朝入省，不羡暮入台。

千羡万羡西江水，曾向竟陵城下来。

诗歌说，我不羡慕黄金做成的酒具，也不羡慕白玉做成的杯子，黄金白玉都是财富的象征，这两句显然是说陆羽不羡慕财富，"不羡朝入省，不羡暮入台"，这里的"省"是指三省，唐代是三省六部制，即中书省、尚书省、门下省，这三省是唐代的最高权力机构，"台"是指御史台。这两句显然是说，不羡慕三省和御史台的那些高官们，即指不羡慕权力。那么既不羡慕财富，又不羡慕权力，还有什么是值得羡慕的呢？

前面四个不羡，就是为了衬托后面的两个羡。"千羡万羡西江水，曾向竟陵城下来"。陆羽说，我千羡万羡啊，只羡慕那条西江的流水，因为它从我故乡竟陵的城下，蜿蜒流来，也就是说在陆羽的心中，财富也好，权力也好，全都加在一起，也远远比不上他对故乡的那一缕情思来得重要。所以这首诗也充分体现了陆羽高洁的情操！

3-1-5

陆羽像·湖州长兴大唐贡茶院·冷帅 摄

陆羽创作的《茶经》是一部内容丰富的科学著作，一共三卷十章，分别是：一之源、二之具、三之造、四之器、五之煮、六之饮、七之事、八之出、九之略、十之图。

壹 No.1

▼

之

源

主要谈茶的起源，野生大茶树，茶树的形态特征，宜茶土壤，茶树的栽培方法，茶的优良选种以及茶在古代的别称等内容，特别是，在这一章中还首次提到了茶道精神，即被后世茶人备极推崇的"精行俭德"。

贰 No.2

▼

之

具

主要介绍了唐代制作茶的主要工具，共介绍了十九种工具。需要指出的是，这是中国历史上第一次有关于制茶工具的标准化制定，陆羽不但讲解各个工具的功能作用，还量化其规格，每一样工具都精确记录其尺寸。

叁 No.3

▼

之

造

介绍了唐代茶饼的制作方法和茶饼优劣的鉴别方法。

肆 No.4

▼

之

器

主要介绍了唐代煮茶、饮茶所需的器具，一共介绍了二十四种器具及其配件，称为"陆羽二十四器"或曰"唐代煮茶法二十四器"。与《二之具》所介绍的制茶工具一样，《四之器》这一章中所介绍的煮饮茶器具也都精确量化其规格，而这也是中国历史上第一次对茶道器具做如此细致的介绍讲解。同时，这也是历史上最早提出的茶道规范，开启了中华茶艺之路。

伍 No.5

▼

之

煮

详细介绍了唐代煮茶的主要方法，以及煮茶时关于燃料的选用、水的选用等注意事项，在这一章中关于煮茶用水的论述深刻影响了后世茶事用水的思想。

陆	柒	捌	玖	拾
No.6	No.7	No.8	No.9	No.10
▼	▼	▼	▼	▼
之	之	之	之	之
饮	事	出	略	图

美饮茶沿革和
茶道中需要注意
的难点，称为"茶
门九难"。

是《茶经》十章
中篇幅最长的
一章，在陆羽之
前，关于茶的记
载散见于各种
不同的书籍之
中，从未有人做
过专门的整理，
而陆羽在这一章
中做了细致的收
集、整理工作，
从历史书、地理
书、医书到文学
作品，遍查典籍，
钩沉索隐，是对
唐代中期以前中
国茶事生活和
茶文化的一次历
史性总结，也体
现了陆羽博览群
书的通才特质。

这一章主要介绍
了唐代的茶产区，
每一茶产区都
按茶的产出品质
分为四个等级，
共介绍了八大茶
区四十三州，如
果说七之事这一
章体现了陆羽读
万卷书的读书能
力，那么《八之
出》这一章则体
现了陆羽行万里
路的行脚功夫。

读完这一章常
会感觉茶圣陆
羽是一位暖男，
因为陆羽在这一
章中主要讲前面
《二之具》里的
十九种制茶工
具和《四之器》
里的二十四种
煮饮茶器具在
特殊情况下如果
备不全有哪些
因地制宜的省略
方法。

主要谈《茶经》
这部书的记诵
方法。

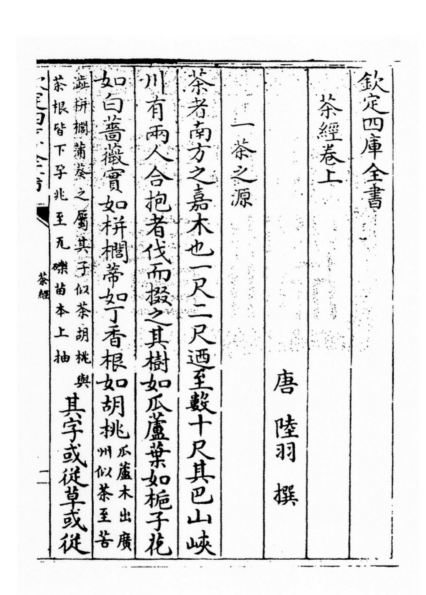

欽定四庫全書

茶經卷上

唐 陸羽 撰

一茶之源

茶者南方之嘉木也一尺二尺迺至數十尺其巴山峽
川有兩人合抱者伐而掇之其樹如瓜蘆葉如梔子花
如白薔薇實如栟櫚蒂如丁香根如胡桃瓜蘆木出廣州似茶至苦
澀栟櫚蒲葵之屬其子似茶胡桃與
茶根皆下孕兆至瓦礫苗木上抽其字或從草或從

茶經

二

3-1-6

《茶经》

可以说《茶经》这部著作的内容涉及了中国茶事的方方面面，被称为是中国茶文化的百科全书，陆羽的《茶经》是中国历史上也是世界历史上第一部茶学专著。开启了中华茶文化的先河。可以说，有了这部《茶经》也就有了茶学这门学问，因此，历代茶学专家及茶人都对这部著作有着极高的评价。

唐代诗人皮日休曾经这样评价：

自周已降，及于国朝茶事，竟陵子陆季疵言之详矣。然季疵以前，称茗饮者必浑以烹之，与夫渝蔬而啜者无异也。季疵之始为经三卷，由是分其源、制其具、教其造、设其器、命其煮。俾饮之者除痟而去疠，虽疾医之不若也，其为利也，于人岂小哉？

——《全唐诗·茶中杂咏并序》

《新唐书·陆羽传》中也说陆羽的这部茶书"言茶之原、之法、之具尤备，天下益知茶矣"。

直到今天，《茶经》依然对我们的茶道思想、茶艺审美、茶叶制作、茶叶品鉴以及各项茶事生活有着重要的指导和参考价值，被我们现代茶人所喜爱推崇。在新的时代，这部经典著作仍然散发着历久而弥新的魅力！

蒸青做饼
——唐代制茶工艺

唐代制作茶的主要方法，概括来说就是四个字，叫作"蒸青做饼"。所谓的蒸青就是指使用蒸汽杀青的方法来制作茶叶。

1. 六大茶类的区分标准：我们今天所说的六大茶类，就是绿茶、黄茶、白茶、青茶、红茶、黑茶，主要是按它们的制作工艺来区分的，或者说跟它们的发酵程度相关，茶的发酵主要是指茶多酚的氧化。

2. 杀青：如何控制茶叶的多酚类物质的氧化程度呢？茶叶制作当中主要是用"杀青"的方法，就是用高温来破坏酶的活性，从而停止多酚类物质的氧化。

3-2-1

六大茶类 · 张琳 摄

六大茶类的汤色从左至右分别为黑茶、红茶、青茶、白茶、黄茶、绿茶。

唐代最主要的杀青方式就是蒸青——用高温蒸汽来进行杀青。在蒸青之后还要把茶压制成团状或饼状。这个制茶的过程我们简称为"蒸青做饼"。唐代制茶主要的流程有"采之，蒸之，捣之，拍之，焙之，穿之，封之，茶之干矣"，称为制茶七经目。

下面我们就具体来看一下唐代的一饼茶是怎么诞生的。

第一步当然是采茶。唐代采茶用的工具称为"茶籝"，就是用竹子编织而成的小竹篮。竹编的器具透气，不会闷坏茶青，携带起来又比较轻便，所以直至今日，我们依然能够看到很多采茶工还是背着竹篮来采茶。

3-2-2

中国清代外销画·采茶

唐代采茶，主要是采春茶，"凡采茶，在二月三月四月之间"，例如唐代大诗人卢仝的《走笔谢孟谏议寄新茶》诗中有这样的诗句："闻道新年入山里，蛰虫惊动春风起。天子须尝阳羡茶，百草不敢先开花。仁风暗结珠琲瓃，先春抽出黄金芽。"通过这几句诗可以看出卢仝所喝到的是春茶。同样白居易的诗中也说"绿芽十片火前春"，火，指禁火，即寒食节。火前春，也就是寒食节之前的茶。其他还有很多诗人在品茶的诗中也都提到了"火前""春风"等字样，这些都说明是采的春茶。唐代对采摘茶叶的天气要求很高，《茶经·三之造》中说如果下雨，就不采茶了；晴天有云也不采。最好是万里无云的大晴天才去采茶，而且要早起，趁着露水去采摘。

3-2-3

采茶工背着茶籯采茶

工具：茶籯

别名：篮、笼、筥，用竹子编织而成，容积五升，或一斗、二斗、三斗（唐代一升约合今 0.6 升，一斗为 10 升）。

刚刚采下来的鲜叶，睡在茶籯里 ▶

茶叶采下来后开始进行蒸青，蒸茶用的灶台是没有烟囱的，所以唐代的大诗人陆龟蒙说茶灶是"无突抱轻岚"（突，就是烟囱），锅放在灶台上，锅上架一个用木头或陶土制成的"甑"，这个甑上面没盖，下面没底，相当于是一个粗管子，甑架在锅上，连接处密封好，加水的时候往甑里加水，因为甑没有底，所以水就直接落进锅里。用一个叫作"箅"的小竹篮子装上采来的茶，将箅用细细的竹篾挂在甑里，这个箅就在甑里悬空挂着，箅的下面就是盛满水的锅，我们想一想，其实，这就是制作了一个蒸锅呀，所谓的箅就是起到今天蒸锅里笼屉的作用。甑上加盖，把水烧开，箅里的茶青就被蒸好了。刚刚蒸好的茶青温度高、湿度大，所以蒸好的茶青要迅速取出，用树枝或叉子将茶青摊散开，避免结块，闷堆。

工具：茶灶、釜、甑、箅、叉。

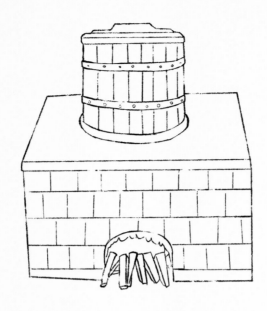

3-2-4

茶灶

蒸青的茶灶是没有烟囱的，灶台上的就是锅和甑。

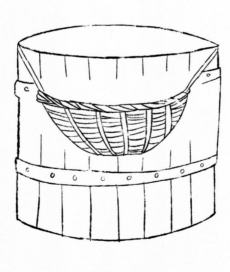

3-2-5

甑

这是甑的透视图，可以看到在甑里用细竹篾系住的一个竹篮子，这个竹篮子就是箪，箪里盛放着茶青。

将茶叶放在杵臼或碓（脚踏驱动的杵臼）里捣烂，然后将茶叶放在模具中压饼，刚压制好的茶饼晾放在一个用小细竹条编织成的像筛子一样的器具上，这个器具叫作"芘莉"。这之后要用称为"棨"的锥刀在茶饼中间穿个洞，这时茶饼就像铜钱一样中间是有个洞眼的。穿好洞眼后，用一个叫作"扑"的细竹条工具，将一饼饼茶穿在上面运送到焙坑边准备焙火干燥。

3-2-6

杵臼

将蒸好的茶青捣烂

工具：杵臼、规、承、襜、芘莉、棨、扑。

规：别名叫模，又叫棬，是用铁制作而成的，有圆形的、方形的，还有花的形状的。规的作用就是把蒸青完的茶压成团饼。具体做法就是像做月饼一样把蒸熟捣烂的茶叶放在模具里，然后扣出来。

承：别名叫台、砧，用石头制作而成。压制茶饼的工作台一定要比较稳定，所以用石头做成。也可以用槐树或桑树来制作。木头做成的操作台相对来说就是分量不够，怎么处理呢？那就把它的下半截埋到土里固定住，让它不能摇动。

襜：是用油绢布或穿坏了的雨衣或是单衣做成的。把襜放在承（操作台）上。襜其实就是台布。在襜上放模具，桌布铺在操作台上，将模具放在桌布上，用来制作茶饼。

芘莉：又叫籝子或旁筤，用竹子做成，用两根全长3尺的小竹竿，前面2尺5寸作为躯干，留出5寸作为手柄。两根小竹竿相距宽度2尺，躯干2尺5寸的部分用竹篾织成方眼，像农夫筛土的土筛子一样。

棨：别名锥刀。用坚实的木料作成手柄，用于给做好的茶饼中间穿洞。

扑：又叫鞭，是有点软、很长的竹条。用来把竹条穿入洞眼，以便于把茶搬运到焙坑边干燥。

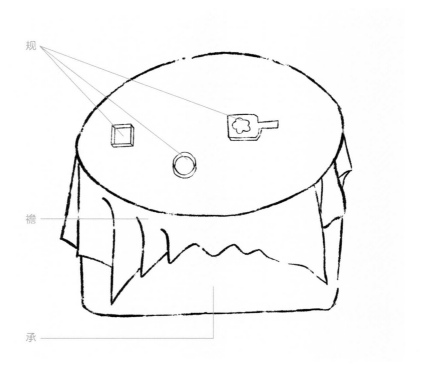

规

襜

承

3-2-7

承、襜、规

说明 承就是工作台，要求稳定不易移动，襜是铺在工作台上的桌布，规是用来制作茶饼的模具，规有不同的形状。

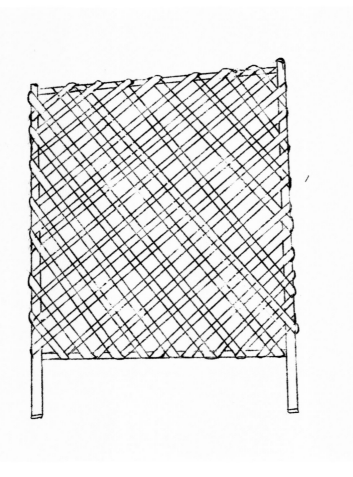

3-2-8

芘莉

芘莉是用来晾放茶饼的，刚刚做好的茶饼就放在这个竹编的芘莉上。

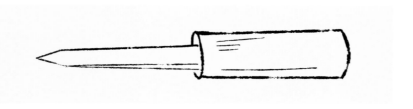

3-2-9

棨

用来将茶饼穿洞的锥刀。

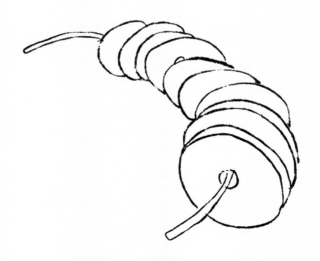

3-2-10

扑

 说明　是软竹条做成的，将茶饼穿起来以便于运送到焙坑

工具：贯、棚、焙、穿、育。

焙火干燥时先将茶饼一个个的像串糖葫芦似的串在细竹棍即"贯"上，然后把一串串像糖葫芦似的茶饼放在架子上，架子叫作"棚"，把棚放在"焙"上，用以焙干茶叶。

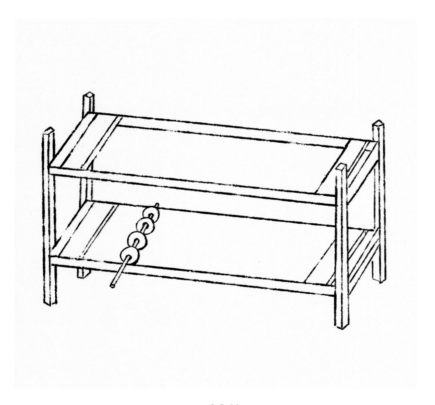

3-2-11

棚

 说明　就是这样的架子，将茶饼串在"贯"上，然后放在"棚"上，最后要把"棚"架在"焙"上。

"焙"，就是在地上挖一个深2尺、宽2尺5寸、长1丈的坑，坑上面砌2尺高的小墙，坑里放上炭火，用来干燥茶叶。

3-2-12

焙坑

 说明　用来干燥茶饼

干燥好的茶叶就可以售卖了，这时用到一个运输和计量的工具——"穿"，江东淮南地区是用竹子做的，巴山峡川地区用比较有韧性的树皮做成。把茶穿在这个"穿"上方便运输和计量茶饼，而各地计量的标准有所不同，江东地区以一斤为上穿，半斤为中穿，四两五两为小穿。峡中地区以一百二十斤为上穿，八十斤为中穿，五十斤为小穿。

　　储存茶饼的器具称为"育"，用木头做成框架，用竹篾编织起来做成一个小柜子的样子。用纸将它的外表面裱糊上，上面有盖，旁边有门；中间还有隔断，将柜子里面分成上下两层，上层放茶饼，下层放一盆盖着灰的火，这种火看不见火苗但是能感觉到热度。在江南梅雨时节将这样的火盆放进去用来除潮。

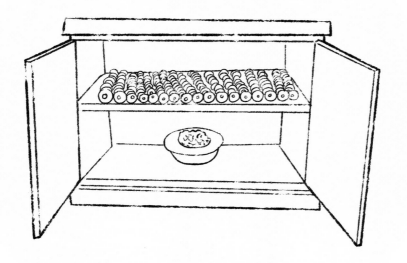

3-2-13

育

说明 上层放茶饼，下层在潮湿气候时放上盖着灰的塘煨火来除湿。

以上即是唐代制作茶饼的主要方法流程，据陆羽《茶经·二之具》整理，唐代制茶要用到 19 种工具。分别是：籯、灶、釜、甑、箄、叉、杵、臼、规、承、襜、芘莉、棨、扑、焙、贯、棚、穿、育。

由此可见，唐代制茶工艺已经相当完备。

制成茶饼的形态各式各样，"茶有千万状"。粗略地说，大概可以这么分类：

制作较好的茶	制作不好的茶
"如胡人靴者" 有的茶饼表面像唐代胡人穿的皮靴上皮革皱缩的样子。	**"有如竹箨者"** 选用的茶像竹笋的外壳一样很坚硬，难以捣烂。这样做出来的茶叶，"其形籭簁然"，像筛子一样。
"犎牛臆者" 有的就像野牛胸部肌肉的皱褶一样。	
"浮云出山者" 有的像云从山后飘来，团团盘曲。	
"轻飙拂水者" 有的像轻风吹过水面后荡起的层层涟漪。	**"有如霜荷者"** 有的选用的茶叶像初秋时节被霜打的荷叶一样，茎叶凋败，这样制成的茶饼的样子枯干难看。
"陶家之子" 有的像陶匠刚刚筛出的细土，再用水去澄它，澄出的泥那么细腻、润泽。	
"新治地者" 还有的像刚刚开垦出来的土地。遇到暴雨之后有积水经过而显得很光滑平整，有条条细波纹	
以上几种都是制作精美的好茶，"此皆茶之精腴"。	以上两种都是制作不好的茶饼，"此皆茶之瘠老者也"。

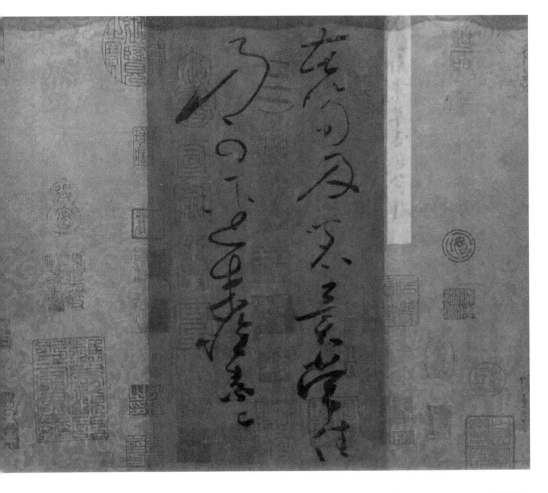

3-2-14

《苦笋帖》·【唐】·怀素

其中写道：苦笋及茗异常佳

成品茶的优劣，是由原料及工艺这两方面原因共同造成的。

《茶经·三之造》中谈到唐代关于茶饼的优劣鉴别有这样几种情况：

一、看茶饼的外形，如果看到茶饼有光泽、颜色发黑、很平整（"光黑平正"），就认为是好茶，那么这是比较差的、低等的鉴别水平。

二、如果看到茶饼表面有皱缩，颜色发黄，而且表面凹凸不平（"皱黄坳垤"），就认为是好茶，那么这个鉴别水平比第一种略高。

三、最好的鉴别茶的人应该是能够全面的把光黑平正和皱黄坳垤的情况分别指出其优缺点，且能说明原因的，这才是鉴别茶的最高水平。

为什么呢？因为"出膏者光，含膏者皱，宿制者则黑，日成者则黄；蒸压则平正，纵之则坳垤"。茶如果压得比较紧，茶饼表面就会平整，压得松，当然凹凸不平。压得紧，就会把茶叶中的茶汁压出来，就会看起来很光，压得不那么紧，茶汁就没有被压出来。如果茶汁都压出来，再去煮茶就不会那么好了。用现代的话说就是内含物不多了。

若颜色发黑，陆羽说是不行的，黑和黄有其背后的原因。采下来当天制作，颜色就是发黄的，隔天去做颜色就黑了。隔天做，茶叶堆在那里就会氧化，质量就不好了。"光黑平正"和"皱黄坳垤"只是我们表面看到的结果，其实有其背后的原因。所以陆羽说能够不被茶叶外表迷惑，准确掌握背后真实原因的人，才是真正好的评茶师。

　　唐代有一对诗人朋友特别喜欢喝茶，他们是皮日休和陆龟蒙，世称"皮陆"。有一回，皮日休一口气写了十首茶诗，这十首茶诗每一首都围绕茶的一个方面来写，比如烹茶的炉子、茶人、茶灶等，写完之后就寄给了好朋友陆龟蒙，陆龟蒙一看，呦，行啊，一口气写了十首茶诗，这不能输给你，我也写十首！于是他提起笔来饱蘸浓墨，写下了同样一组和诗《奉和袭美茶具十咏》（皮日休，字袭美），而且你写什么题目，我也写什么题目，我这十首完全跟你那十首相对应，于是就有了这两组共二十首同题茶诗歌，由此在茶史上留下了一段佳话。

　　这二十首诗歌如同二十幅速写图，为我们勾勒出唐代茶生活的样貌。皮日休在《茶中杂咏》的序中阐述之所以要写这组茶诗，是因为同乡茶圣陆羽的《茶经》虽然经典但可惜是一部学术专著，文学性不足，没有诗歌呀！所以，要为陆羽补足诗歌（余缺然于怀者，谓有其具而不形于诗，亦季疵之馀恨也，遂为十咏），正因为此，笔者也常与茶友笑谈皮陆组诗是茶经的助教。

　　这二十首茶诗中有很多都提到了唐代制茶的工具，在这里将描写制茶工具的几首诗选出来附录于此供大家学习欣赏。

唐·皮日休《茶中杂咏》

《茶中杂咏·茶籝》

筤篣晓携去，蓦个山桑坞。开时送紫茗，负处沾清露。

歇把傍云泉，归将挂烟树。满此是生涯，黄金何足数。

《茶中杂咏·茶灶》

南山茶事动，灶起岩根傍。水煮石发气，薪然杉脂香。

青琼蒸后凝，绿髓炊来光。如何重辛苦，一一输膏粱。

《茶中杂咏·茶焙》

凿彼碧岩下，恰应深二尺。泥易带云根，烧难碍石脉。

初能燥金饼，渐见干琼液。九里共杉林，相望在山侧。

唐·陆龟蒙《奉和袭美茶具十咏》

《茶籝》

金刀劈翠筠，织似波文斜。制作自野老，携持伴山娃。

昨日斗烟粒，今朝贮绿华。争歌调笑曲，日暮方还家。

《茶灶》

无突抱轻岚，有烟映初旭。盈锅玉泉沸，满甑云芽熟。

奇香袭春桂，嫩色凌秋菊。炀者若吾徒，年年看不足。

《茶焙》

左右捣凝膏，朝昏布烟缕。方圆随样拍，次第依层取。

山谣纵高下，火候还文武。见说焙前人，时时炙花脯。

陸補闕像

3-2-15

陆龟蒙画像·《吴郡名贤图传赞》·【清】·孔继尧 绘

调鼎阅香
——唐代煮茶饮茶的器具及方法

唐代饮茶之风已经非常盛行了。陆羽说："两都并荆俞间，以为比屋之饮。"从长安到洛阳再到湖北、四川等地家家户户都在喝茶，说明在唐代，茶已经成为很多地区人民生活的必需品了。

唐代茶的种类主要有粗茶、散茶、末茶、饼茶，其中上一节详细说明的饼茶是最主流的。

饮茶的方式也各有不同，比如把茶从树上斫采下来然后煎熬、烤炙、捣碎，将如此处理过的茶放入瓶缶之中，浇上开水去泡，这种方法叫作"痷茶"。还有一种方法是将茶和葱、姜、枣、橘皮、茱萸、薄荷等调料放在一起煮，需煮很长的时间（"煮之百沸"）。

以上两种饮茶的方法在唐代应该有很多人使用，但是茶圣陆羽并不认可，他认为这样的饮茶方式或者失之于粗陋，或诸般杂味遮蔽茶香，所以陆羽对此有很严厉的批判："斯沟渠间弃水耳"。这简直就是下水道中的废水啊！

在陆羽的倡导下，唐代最主流的饮茶方式为"煎茶法"或曰"唐代煮茶法"。具体方法如下（★ 本节古代饮茶方法为笔者复原拍照）：

第一步，炙茶。

用竹夹夹住茶饼在小火上炙烤，烤茶饼的时候要注意不要在通风的余火上去烤，因为这样的火苗不稳定，会导致受热不均匀，烤的时候，夹着茶饼靠近火，并且不断地翻动。

炙烤时要观察茶饼的变化，当看到茶饼烤干，条索收缩，饼面上出现很多鼓包，就像蛤蟆的背部一样时，就离开火五寸远，凉一凉，这时，本来收缩的茶叶就会重新舒展开，然后再次靠近火去烤。

烤到什么时候呢？陆羽说要分不同的情况。制作茶的时候，蒸青茶最后都是要干燥的，这就要看干燥的时候是采用什么方式。如果是使用我们前文提到的焙坑，用火烘干的，就要烤到茶饼上冒出热气；如果不是采用烘干，而是放在太阳下晒干的，那么烤到柔软就可以了。

炙茶的主要目的是为了便于下一步碾茶。如果茶烤得不够干，就难以碾得细碎。

茶烤好后要趁热用纸囊把茶装起来，使它的香气不至于散失掉。等晾凉了再碾碎。

3-3-1

用竹夹夹着茶饼炙烤

炙茶茶具：竹夹、纸囊。

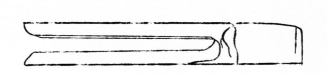

3-3-2

竹夹

说明 竹夹是用新鲜的小青竹制作而成，长度为一尺二寸。一头的一寸处留有竹节，竹节以上的一尺一寸剖开，用来夹着茶饼在火上烤，烤的时候小青竹在火上会烤出竹汁来，借竹汁的清香来增加茶的香味。当然这受到条件的限制，不是在山林间炙茶，恐怕难以弄到新鲜的青竹。那么用耐用的精铁或熟铜制作也是可以的。

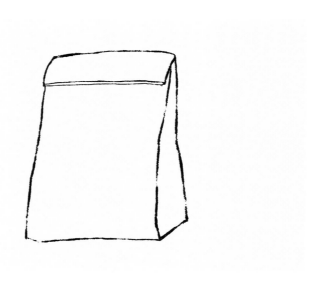

3-3-3

纸囊

说明 纸囊就是纸袋子，纸材最好选用绍兴剡溪边的藤条纤维制作的剡藤纸，用两层又白又厚的剡藤纸缝在一起做成纸囊。用来存放烤好的茶，避免香气散失。

第二步，碾茶。

将炙烤好的茶饼放入茶碾中碾碎，碾茶的目的是为了便于下一步将茶筛细。

3-3-4

仿制的唐代宫廷茶碾子

碾茶器具：**茶碾、堕（碾子）、拂末。**

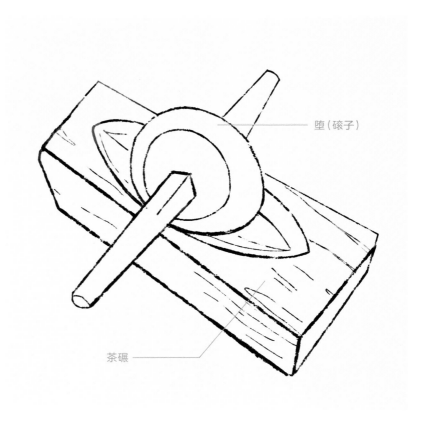

堕（磙子）

茶碾

3-3-5

茶碾、堕（磙子）

茶碾：碾槽最好用橘木制作，其次用梨木、桑木、桐木、柘木也可以。碾槽内部是长圆，外部是方的。内圆便于磙子在槽内运转，外方则使碾槽稳定不易翻倒。槽内宽度刚好放得下一个磙子，左右再无空隙。

堕（磙子）：配件，木制，圆形如车轮，中心安一根轴。轴长九寸，宽一寸七分。直径三寸八分，磙子中心厚度为一寸，边缘厚度为半寸，即圆磙中间厚边缘薄。轴的中间插入磙子的地方是方的，手握的地方是圆的。

3-3-6

茶碾子·中国茶叶博物馆·冷帅 摄

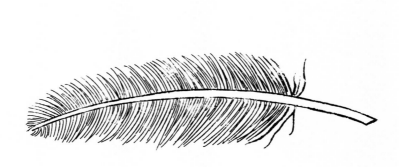

3-3-7

拂末

 说明　拂末是用鸟的羽毛做成的，用来清扫茶末

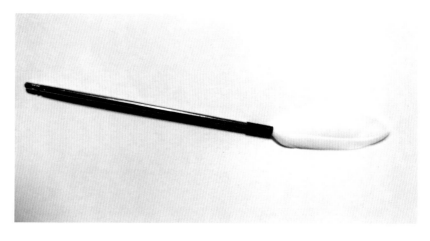

3-3-8

羽帚

说明　日本茶道中的羽帚即来自唐代的拂末，我们今天在香道中也会用到羽帚

第三步，罗茶（筛茶）。

将上一步碾碎的茶叶放在"罗合"也就是筛子中筛细。

3-3-9

筛茶

篩茶器具：**罗合**、则。

3-3-10

罗合

说明 罗合是一个上有盖、下有盒、中有筛子的组合器具。罗即筛子，是将大竹剖开弯曲成圆形，然后在底部安上纱或绢作为筛面（以纱绢为筛，可见筛出的茶末很细）。合即盒子，是用竹节制成，或者用杉树的木片弯曲成圆形，再涂上大漆。合高度三寸，其中盖子高一寸，直径为四寸。用罗来筛茶，筛出的茶末放在合中盖紧存放。

3-3-11

法门寺地宫唐代茶具中的罗合（复制品）·中国茶叶博物馆·刘博 摄

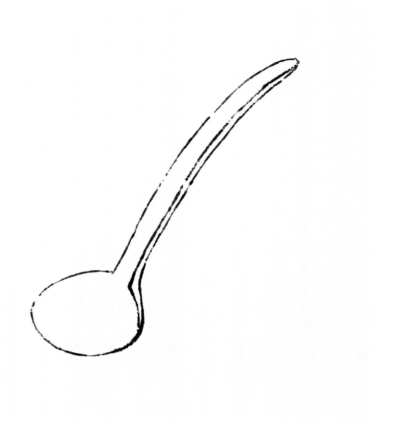

3-3-12

则

则是一个像勺子一样的量器，用来舀取茶末，平时放在罗合中，材质是用海中的贝壳之类，或者用铜、铁、竹做成勺子的样子。"则"是度量标准的意思。则的勺面尺寸固定为一平方寸大小，这样便于掌握舀取的茶量。一般说来，烧一升水，取用一则茶末。如果口味淡，就在此基础上减少茶末；喜欢喝浓茶，就再添加适量的茶末

第四步，备水。

从可取水之处取得清洁的饮用水，如泉水、井水、江水、溪水等，从"绿油囊"中取出"漉水囊"，用"漉水囊"来过滤水中的杂质，将过滤后的清水置于"水方"中备用，当需要用水时，则用"瓢"来舀取清水。

备水器具：**水方、漉水囊、绿油囊、瓢。**

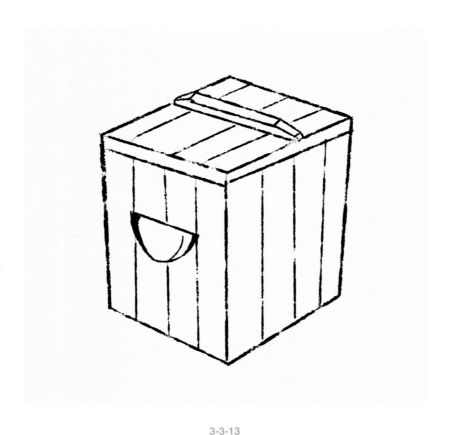

3-3-13

水方

说明　水方，用来储存清水的，用椆木、槐木、楸木、梓木等木材制作成盒子的样子，里外的缝都要用大漆密封，容积为一斗。

滤水囊

绿油囊

3-3-14

漉水囊、绿油囊

说明 漉水囊：用来过滤水的工具，漉水囊的结构分里外三层。最里面是一个用生铜制作的框架，如果是隐居山林、山谷中的隐士，也可以用竹或木来构成框架，框架外面用细的竹篾编织，把整个框架包起来。在细竹篾的外面最后要罩上丝织品。这样三层加在一起就可以起到过滤水的作用。漉水囊的直径是五寸，手柄是一寸五分。

绿油囊：是用油布做成的口袋，用来收藏漉水囊。

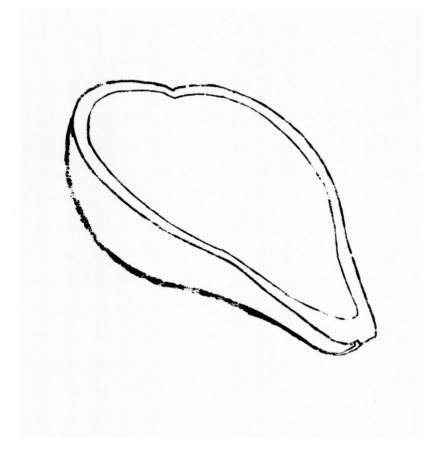

3-3-15

瓢

说明 瓢，又叫牺、杓，将葫芦刨开做成，或者将木头挖出一个凹槽来，用以舀水。

第五步，煮茶。

将茶放入煮茶用的"鍑"中煮茶。

首先，将炭放入风炉中点燃，将"鍑"也就是锅架在风炉上，然后把贮存在"水方"里曾经滤过的清水用"瓢"舀取到锅里，煮水。煮水分成三沸，锅里的水刚刚开始热起来的时候会发出声音，冒出大泡泡，像鱼的眼睛一样，这样的情况称为"一沸"。当沸腾的程度加大，冒出的泡泡沿着锅的边缘连成串了，就像泉眼里涌出的泉水一样，称为"涌泉连珠"，此为"二沸"。当锅里的水完全沸腾，像汹涌的波涛一样翻滚着，称为腾波鼓浪，此为"三沸"。三沸以后再煮，水就煮老了，不能再喝了。

初沸水：
冒出像鱼眼睛的小气泡。

二沸水：
小气泡像泉眼里涌出的泉水
一样连珠不断地冒出。

三沸水：
水已经完全沸腾就像翻滚的
波涛。

3-3-16

煮水

初沸的时候，要从"醶簋"（盐罐）里取出一点盐，根据水量往锅里放入相适应的盐以调味，陆羽指出不要加入过多的盐，加入盐后，要取出一点水尝尝味道，如果能尝出咸味来就不好了，然后将尝剩下的水扔掉，不要再倒回锅里。

1

初沸时，
从醶簋（盐罐）里取出一点盐

2

将盐投入锅中

3-3-17

初沸注意事项

二沸的时候，就要从锅里舀出一瓢水备在旁边，再用一种两端裹银的竹夹，在水中绕着圈搅动。随着搅动，锅里的水就会呈现出一个漩涡，漩涡出现后就把之前碾碎筛细的茶末根据水量用"则"取出适当的茶末，顺着漩涡的中心倒入，漩涡一打开，茶末就均匀地分布在锅里的水中了。

① 从锅里舀出一瓢水备在旁边。

② 用裹银的竹夹在水中绕着圈搅动。

③ 用"则"取出适当的茶末放入漩涡中

三沸腾波鼓浪的时候，把二沸时舀出来的水倒回锅里，止住沸腾，保养水中的精华。这样就煮好了，可以分给大家喝了。

4

三沸腾波鼓浪

5

二沸时舀出来的水倒回锅里

3-3-18

二沸、三沸注意事项

茶煮好后，从锅里舀出的第一碗茶汤，称为"隽永"，被认为是品质最好的茶汤。"隽永"被保存在一个叫"熟盂"的容器中，它的作用一般用来育华止沸。"隽永"之后取出的第二碗茶汤称为第一碗，以后类推。

一般烧一升水分作五碗茶，也可分为三碗，最多分为五碗。喝的时候要趁热喝完，不要放凉了，因为古人认为重浊之气沉在下面，精华之气都浮在茶汤上面，如果一凉，精华之气就都跑掉了。

唐代人喝茶很喜欢茶汤上漂浮的泡沫，称之为"沫饽"，薄的叫"沫"、厚的叫"饽"，细轻的叫"花"。分茶给客人的时候一定要注意将沫饽均匀地分给每位客人。唐代人觉得这个泡沫就是茶汤的精华，所谓"焕如积雪，烨若春薮"！

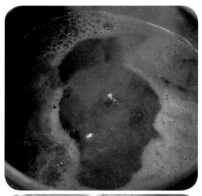

① 止住沸腾，保养茶中的精华。

② 将带有沫饽的茶倒入茶碗分给客人。

3-3-19

分茶注意事项

通过上面的介绍我们发现唐代的时候是使用茶碗来喝茶的。那么茶碗是用什么材质做的呢？唐代主要是使用瓷的茶碗。陆羽在《茶经》中重点强调了邢州和越州这两个地方的瓷器。唐代时陶瓷器已经发展得很好了，各地有很多的名窑，其中以邢州白瓷和越州青瓷最被唐代人推崇。比如唐代李肇所著的《唐国史补》中说："内丘白瓷瓯，端溪紫石砚，天下无贵贱，通用之。"也就是说无论是贵族还是平民阶层大家都很喜欢使用邢窑的白瓷（内丘白瓷瓯），足见其受到了唐代全社会的喜爱。

但是陆羽从文人审美的角度更偏爱越州青瓷，他把邢州的白瓷和越州的青瓷做了一个对比：

第一点，如果说邢瓷像银一样，那么越瓷就像玉一样，因此邢窑白瓷不如越窑青瓷（若邢瓷类银，越瓷类玉，邢不如越一也）。白银当然是好东西，可是中国文人讲"君子比德于玉"，越窑青瓷质地如玉，自然更受到陆羽的喜爱。

第二点，如果说邢窑白瓷洁白如冬雪，那么越窑青瓷的质地则有如寒冰，冰比雪更通透、莹彻，更有质感，因此青瓷再占上风。

第三点，邢窑瓷颜色发白，所以茶汤的颜色会被衬托得显得发红；越窑青瓷本身是青色的，衬托下茶汤的颜色看起来就会偏绿一些，陆羽说从茶汤呈色的角度更喜欢青绿的颜色，因此邢窑白瓷不如越窑青瓷。

3-3-20

用青瓷茶碗品饮茶汤

那么为什么邢窑白瓷的茶汤会显红呢？

我们今天很喜欢用白色的瓷杯，对茶汤的颜色不会有太大的影响，基本可以呈现茶汤原有的样貌。但是我们看前文谈到唐代茶的制作过程中，先蒸青再捣烂又压饼复焙干，喝茶的时候要先在火上烤干，然后再放到锅里煮，经过这一番折腾，虽然是蒸青绿茶，但是不会呈现出我们现在只是冲泡所产生的绿茶清汤绿叶的样子，而是在这一系列过程中会产生氧化，会使茶汤颜色发深、在白瓷衬托下看起来偏红。越窑青瓷本身是青色的，会因釉色的影响使茶汤显色发绿。唐代人偏爱这样青绿的颜色，所以相对就更喜欢越窑青瓷。

当然我们今天会有不同的看法，现在如果从茶汤审评的角度讲更喜欢用白色的釉色，因为它不会使茶汤受釉色的影响产生色差，可以使我们更准确地辨别茶汤的颜色，从而去判断茶的优劣好坏。

　　当然，生活中喝茶不全为审评，如果仅从个人审美出发，是没有一定之规的，选择自己喜欢的就好。

3-3-21

法门寺地宫唐代茶具中的琉璃茶具（复制品）·中国茶叶博物馆·刘博 摄

3-3-22

审评器具· 张琳 摄

说明 今天我们在审评茶叶时为了更准确地观察茶汤的颜色，所以使用白色的瓷器来做审评器具

　　此外，陆羽在《茶经》中强调煮茶时用的燃料要非常讲究，最好要用木炭、硬柴。因为木炭、硬柴烧出来的火力更强劲、燃烧值更高。陆羽举了几个例子，比如桑木、槐木、桐木、枥木等。陆羽还特别提到了一些不能用来煮茶的燃料。比如沾染了膻腥油腻气味的木头是不能用的，含有油脂比较多的木柴，例如柏木、松木、桧木等也不能用，因为这样的木头含油脂比较多，在燃烧中就会产生一些异味，而茶叶吸附异味的能力很强（我国北方常喝到的茉莉花茶就是利用了茶叶的这个特性，将茶与茉莉花放在一起窨制出来的），如果用有异味的木柴来煮茶，就会将异味带入茶里，产生不好的品饮感受。

我们常说"水为茶之母"，唐代时人们已经认识到水对于喝茶的重要意义。陆羽对水有很严格的要求，他说煮茶用的水最好是山泉水，其次是江水，最差是井水。唐代的张又新还专门创作了喝茶论水的著作——《煎茶水记》。在《煎茶水记》里首次提到两份中国名水排行榜。

第一份榜单：扬子江南零水第一、无锡惠山寺石泉水第二、苏州虎丘寺石泉水第三、丹阳县观音寺泉水第四、扬州大明寺泉水第五、吴淞江水第六、淮水最下第七。

第二份榜单：庐山康王谷水帘水第一；无锡县惠山寺石泉水第二；蕲州兰溪石下水第三；峡州扇子山下有石突然，泄水独清冷，状如龟形，俗云虾蟆口水第四；苏州虎丘寺石泉水第五；庐山招贤寺下方桥潭水第六；扬子江南零水第七；洪州西山西东瀑布水第八；唐州桐柏县淮水源第九，淮水亦佳；庐州龙池山岭水第十；丹阳县观音寺水第十一；扬州大明寺水第十二；汉江金州上游中零水第十三；归州玉虚洞下香溪水第十四；商州武关西洛水第十五；吴松江水第十六；天台山西南峰千丈瀑布水第十七；郴州圆泉水第十八；桐庐严陵滩水第十九；雪水第二十。

3-3-23

中泠泉·镇江金山

说明 位于镇江金山脚下的天下第一泉——中冷泉。关于这个泉水张又新的《煎茶水记》和温庭筠的《采茶录》都记录了陆羽辨水的故事，讲的是唐代有一位李季卿向来仰慕茶圣陆羽，恰好有一次和陆羽在镇江附近相遇，便邀请陆羽一起品茶。李季卿派了一个随从去中冷泉取水，中冷泉位于扬子江心（俗谚所谓扬子江心水是也），随从划着小船在江心打了满满一桶水回来交与陆羽，陆羽却认为不是中冷泉水，随从很不高兴地质问陆羽，陆羽于是另取一空桶将之前桶里的水舀向空桶，剩下一半时，陆羽说：这才是中冷泉的水，随从大惊，说出真相。原来随从确实打了一桶江心的中冷泉水，船至岸边突然一颠将桶震倒，待扶起时已剩半桶，随从懒得再回江心取泉水，于是就在岸边兑了半桶江水，殊不知，茶圣慧眼如炬，一下就看穿了。这个故事当然不大可能是真的，但是，在唐代却有诸多记载，说明在晚唐时期，陆羽就已经被传成神话了。

煮茶饮茶器具：风炉、笤、炭挝、火夹、鍑、交床、竹夹、醆篮、
熟盂、碗、畚。

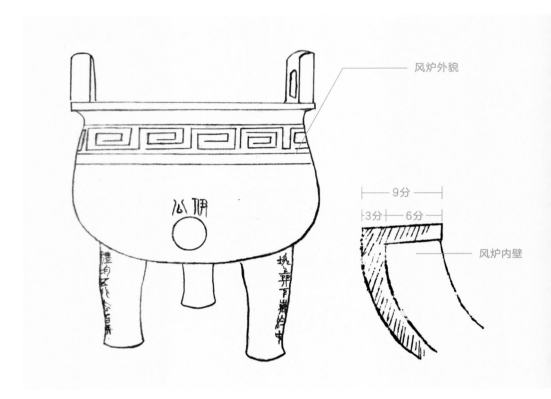

风炉外貌

9分

3分 6分

风炉内壁

3-3-24

风炉

说明 煮茶用的炉子。用铜或铁铸造成三只脚的古鼎的样子，风炉内
外两层，里层为陶土，外层为金属，外层金属炉壁厚度为三分（一
寸为十分），内层陶土炉壁为六分，炉壁总厚度为九分。炉的下方
有三只脚，每只脚上各有七个古文字，共二十一个字。一只脚上写"坎
上巽下离于中"，一只脚上写"体均五行去百疾"，一只脚上写"圣
唐灭胡明年铸"。在三只脚中间开三个小洞，炉底下还有一个洞用
来通风和漏炉灰。三个小洞上方写有六个古文字，一个小洞上写"伊
公"二字，一个小洞上写"羹陆"二字，一个小洞上写"氏茶"二字，
连起来就是"伊公羹，陆氏茶"。

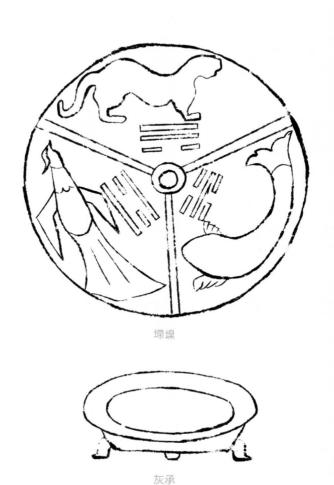

墆堁

灰承

3-3-25

灰承

说明 墆堁：设于炉内，放在风炉里面用来盛炭的，分成三格。一格上有一只翟的图形，翟是火鸟，翟下画一离卦。一格上有一只彪的图形，彪是风兽，彪下画一巽卦。一格上有条鱼的图形，鱼是水虫，鱼下画一坎卦。"巽"表示风，"离"表示火，"坎"表示水。风能将火烧旺，火能把水煮开，所以要画这三个卦象。风炉的炉身上画上图案来装饰。

灰承：配件，是一个有三只脚的铁盘子，放在炉子下面，用来接炉灰。

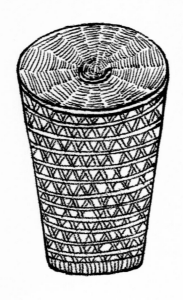

3-3-26

筥

装木炭的篮子。用竹子编制而成，高度一尺二寸，直径为七寸。

3-3-27

炭挝

将大块的炭打碎的工具。用六棱形的铁棒做成，长度一尺，头部尖，中间粗，手握处则是细的。或者有做成槌形、斧形的，都是可以的。

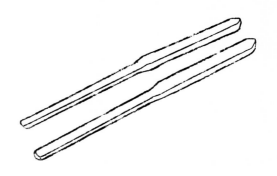

3-3-28

火夹

说明 火夹，又叫箸，用来夹炭火的火钳。用铁或熟铜制成，长度为一尺三寸

3-3-29

鍑

说明 鍑，或叫"釜"，即锅也。用生铁做成，铸造锅时，要让锅内壁光滑，外壁粗糙，锅内面光滑，就容易洗涤；锅底粗糙，便于吸热。锅的两耳做成方的，锅边要宽，锅脐要长，使火力集中，这样水就在锅的中心沸腾；煮在水中的茶末就会随着水的翻滚而上下沉浮，这样煮出的茶汤就会醇厚

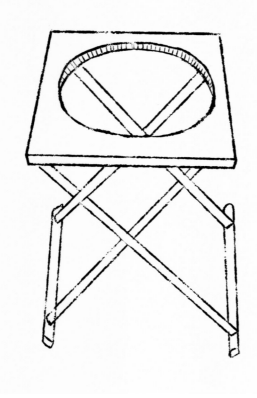

3-3-30

交床

一个十字交叉的木架，不煮茶时用来架锅

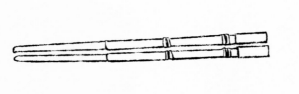

3-3-31

竹夹

用来在煮茶的锅中搅动　用竹或木制作，长度为一尺，用白银包裹两头。

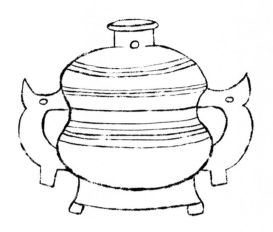

3-3-32

鹾簋

鹾是盐，簋的本义是盛放食物的容器，这里就是指装盐的罐子，用瓷做成，直径为四寸的圆盒，用来装盐。另有一配件"揭"，用竹子制成，长度为四寸一分，宽九分。是取盐用的小勺子。

3-3-33

法门寺地宫唐代茶具中的银盐台（复制品）· 中国茶叶博物馆 · 刘博 摄

3-3-34

熟盂

用来盛开水或第一道茶汤（"隽永"）的容器
瓷质或陶制，容积为二升

3-3-35

碗

喝茶的茶碗。唐代以使用陶瓷茶碗为主，前文有
述。此外，根据法门寺地宫出土的茶具，唐代宫廷之
中也使用琉璃茶盏

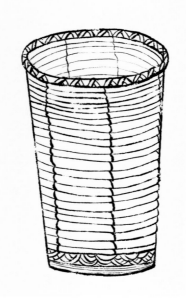

3-3-36

畚

 说明　盛放茶碗的器具。用白蒲草编制或竹制的筐，一畚可放十只碗。碗与碗之间用裁成方形的纸帕隔开。

除以上煮饮茶器具外，还有用来清洁、清理之用的器具，和用来展示和收纳的器具：

清洁、清理器具：札、涤方、滓方、巾。

3-3-37

札

说明 札是用来清理杂物的器具。将棕榈皮用茱萸木夹上捆紧做成扫帚的样子，或将棕榈纤维绑在一段竹节上像大毛笔的样子。

涤方：用来盛放被洗涤茶具的器具。制作方法和水方一样，容积为八升。

滓方：用来收集各种渣滓，即今之水盂也，制作方法和涤方一样，容积为五升。

巾：就是今天常用的茶巾。用吸水性较好的粗绸子布做成，长度是二尺，做两块茶巾，交替使用，用来清洁各种器皿。

展示、收纳器具：**具列、都篮。**

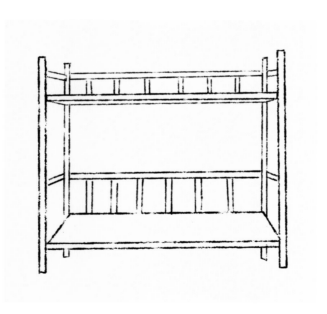

3-3-38

具列

说明 用来贮放陈列各项茶具。用木或竹子做成床或者架子的样子，也可以做成小柜子，有一个可以开合的门，具列长三尺，宽二尺，高六寸。

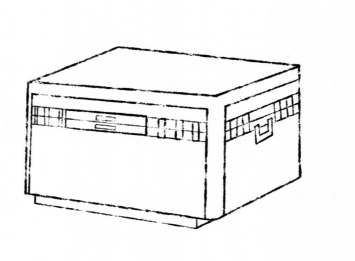

3-3-39

都篮

将上述用到的所有茶具都收纳起来的器具。用竹篾编成，高一尺五寸，长二尺四寸，阔二尺，底宽一尺，高二寸。

大唐贡茶

茶叶入贡的历史由来已久，如果按常璩《华阳国志·巴志》的记载"武王既克殷，以其宗姬封于巴，爵之以子……鱼、盐、铜、铁、丹、漆、茶、蜜皆纳贡之"，那么贡茶当始于三千多年前的西周初期。

南北朝时山谦之的《吴兴记》中记载"乌程县西二十里有温山，出御荈"，这里的御荈就是给皇家的御茶。《南齐书》中记载南齐世祖武皇帝萧赜的遗诏："我灵座上慎勿以牲为祭，但设饼果、茶饮、干饭、酒脯而已。"皇帝的灵座上设有的几样贡品中就有茶。《茶经·七之事》中辑录的史料记载，八王之乱时，西晋"惠帝蒙尘，还洛阳，黄门以瓦盂盛茶上至尊"。落难的晋惠帝终于回到洛阳城，黄门官用瓦盂为皇帝奉茶。这些记载散见于不同史料，但都说明了皇家用茶历史久远。

唐代茶业开始兴盛，贡茶制度也渐趋形成。《新唐书·地理志》中记载怀州河内郡、庐州庐江郡、寿州寿春郡、峡州夷陵郡、归州巴东郡、夔州云安郡、湖州吴兴郡等十多个州府皆有茶叶入贡。

唐代的皇家贡茶中以紫笋茶最受推崇，名气最大。产于常州义兴县（今宜兴）的阳羡紫笋和湖州长城县（今长兴）的顾渚紫笋就是唐王朝最著名的贡茶。

唐代宗大历五年（公元 770 年），在湖州的顾渚山上，修建了中国历史上第一座贡茶院。这是一座规模宏大的皇家制茶厂，顾渚贡茶院规模之大，为史所鲜见。《元和郡县图志》中说"贞元以后，每岁以进奉顾山紫笋茶，役工三万人，累月方毕"，春天制茶盛期要征调三万多人来采制贡茶，唐武宗时茶产量高达一万八千四百斤！当地的官员也极其重视贡茶的制作，刺史常以立春后四十五日入山，到谷雨以后才出山。每年早春时节，"蛰虫惊动春风起"。顾渚山上满是制茶的工人，"春风三月贡茶时，尽逐红旌到山里"。从这些记载足以想见唐代时贡茶院宏大繁忙的生产场景。

3-4-1

顾渚山风光·冷帅 摄

顾渚紫笋制成后要快马专程直送京都，赶在清明节前呈献给皇上，谓之"急程茶"。试想一千多年前没有发达的交通工具，不但要赶在清明节前高质量的做出贡茶，还要远路迢迢算着日子把茶从浙江送到陕西，"十日王程路四千，到时须及清明宴"，其紧张程度可想而知。

《湖州贡焙新茶》

凤辇寻春半醉回，仙娥进水御帘开。

牡丹花笑金钿动，传奏吴兴紫笋来。

　　这是唐代湖州刺史张文规的《湖州贡焙新茶》诗，诗中描绘的正是当年顾渚紫笋茶进贡到朝廷时宫中的喜悦场面。在那个没有火车飞机的时代，从湖州到长安是需要一些时间的。也许从皇帝到宫娥都早就等得不耐烦了，就在此时紫笋茶到，于是大明宫雄伟巍峨的宫殿里为着小小细嫩的茶叶有了一片欢腾。那么，紫笋茶何以如此受到唐代人的喜爱呢？

　　在《茶经》中陆羽对茶的优劣作了这样的评判："紫者上，绿者次；笋者上，牙者次。"紫笋茶茶芽细嫩，色呈紫而形如笋，正符合"紫者上""笋者上"的优良茶标准。而作为贡茶，又有着精良的制茶工艺，这都决定了这一茶品在唐代的王者地位。

3-4-2

紫笋茶嫩芽·郑福年 摄

3-4-3

重新复原修建的顾渚山大唐贡茶院·湖州长兴大唐贡茶院·冷帅 摄

　　这是大诗人杜牧对顾渚山和紫笋茶的由衷礼赞。这位诗名宿著的风流才子曾在湖州做官，到了湖州就爱上了这里的茶山，或者根本就是爱上了这里的山水才欣然来此为官的，他在这里留下了许多诗句。前面提到的诗人皮日休一样是爱茶之人，他用诗人浪漫的眼光打量着顾渚山的茶人："生在顾渚山，老在漫石坞。语气为茶荈，衣香是烟雾。"在他看来生长在顾渚山的茶人说话吐出的口气和翻飞的衣袂间也尽是茶的香气，艳羡之情溢于言表。"竹下忘言对紫茶，全胜羽客醉流霞。尘心洗尽兴难尽，一树蝉声片影斜。"大历十才子之一的钱起，曾与赵莒一起办茶宴，地点选在竹林，他们喝的是紫笋茶，在他们看来茶宴上这紫笋茶的味道简直胜过了流霞仙酒。那么就以茶代酒，洗尽尘心，在一片蝉鸣声里清谈到夕阳西下吧。在那个时代喝茶的文人们总想着要为紫笋茶留下一笔。

3-4-4

裴汶摩崖·湖州长兴大唐贡茶院·冷帅 摄

说明　摩崖石刻上有"湖州刺史裴汶"等文字，裴汶也是唐代的茶学专家，曾撰写过茶学专著《茶述》，清人陆廷灿的《续茶经》中有录。

3-4-5

唐代大诗人杜牧奉旨造茶的摩崖石刻·湖州长兴大唐贡茶院·冷帅 摄

3-4-6

唐代刺史袁高奉诏造茶的摩崖石刻·湖州长兴大唐贡茶院·冷帅 摄

贡茶制的建立保证了茶叶生产定时、定点、定量、定质，对优良茶的生产和激励各地竞制名茶都有着深远的影响。需要提一句的是在顾渚山下还有一处历史名泉——金沙泉。在唐代因"碧泉涌沙，灿若金星"而得名的金沙泉与紫笋茶交相辉映，同享大名。金沙泉煮紫笋茶是相得益彰的，杜牧曾写诗如此称赞："泉嫩黄金涌，牙香紫璧裁。"有这样的说法："金沙水泡紫笋茶得全功，外地水泡紫笋茶只半功。"

3-4-7

金沙泉·长兴·冷帅 摄

顾渚山脚下的金沙泉在唐代常被视为好水的代名词

与湖州相邻的是同在太湖之滨的宜兴（古称义兴），宜兴古时又叫阳羡，同样产好茶，出产的茶也叫紫笋——阳羡紫笋，同样也是贡茶。而阳羡紫笋茶成名还要早于声名赫赫的顾渚紫笋。据说，它的成名还和茶圣陆羽有关。李清照的丈夫赵明诚在他的著作《金石录》里收集的碑文《唐义兴县重修茶舍记》记载，御史大夫李栖筠当常州刺史时"山僧有献佳茗者，会客尝之，野人陆羽以为芬香甘辣，冠于他境，可荐于上"，茶圣对这款茶作了很好的评价，于是李栖筠就根据陆羽的推荐将此茶进贡，此为阳羡紫笋贡茶之滥觞，"义兴贡茶自羽与栖筠始也"。后来有很多人会以此为由抨击陆羽，比如许有谷曾有诗句："陆羽名荒旧茶舍，却教阳羡置邮忙。"说的就是因陆羽一言，使阳羡茶贡，致茶农平添辛劳之事。其实就是陆羽不推荐阳羡的茶，也会有其他地方的茶入贡，茶圣的一言评语也全然是就事论事，就茶评茶，如此批评陆羽不免偏颇。

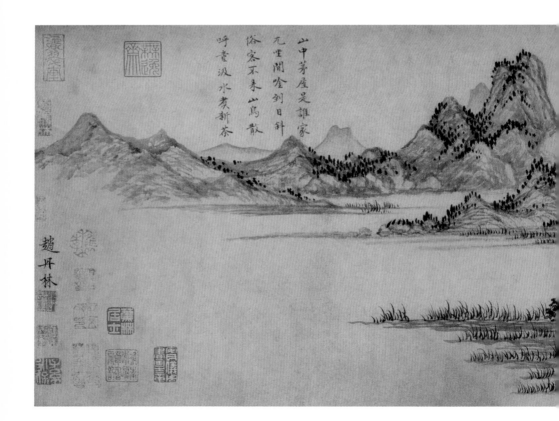

《陆羽烹茶图卷》·【元】·赵原

对于阳羡紫笋的歌咏最负盛名的是玉川子卢仝的《走笔谢孟谏议寄新茶》，这是一首广为流传的诗，尤以诗中描述喝七碗茶的感受最是为人称道，有很多人就把这几句单挑出来称为《七碗茶歌》：

《七碗茶歌》

一碗喉吻润，两碗破孤闷。

三碗搜枯肠，唯有文字五千卷。

四碗发轻汗，平生不平事，尽向毛孔散。

五碗肌骨清，六碗通仙灵。

七碗吃不得也，唯觉两腋习习清风生。

其实这只是卢仝这首长诗中间的几句，当然也是最为精彩的几句。这首流传很广的诗所描写的就是喝阳羡茶的感受。诗中有"天子须尝阳羡茶，百草不敢先开花"的句子，道出阳羡茶的尊贵，"至尊之余合王公，何事便到山人家"。看得出卢仝也很为得到这样的茶而骄傲。既是得到如此好茶，当然也就老实不客气的"柴门反关无俗客，纱帽笼头自煎吃"了。这吃相也足见他见到好茶的迫不及待和对茶的钟爱了。煎出来便是"碧云引风吹不断，白花浮光凝碗面"，清爽香冽的茶这一喝便是七碗，直喝得两腋清风几欲仙，直喝得千古传诵卢仝歌。玉川子卢仝也因为这首诗常被称为茶中亚圣。

《卢仝煮茶图》·【宋】·钱选

《古贤诗意图》·【明】·杜堇

这幅图描绘的就是卢仝高卧，军将打门来送阳羡紫笋茶的场景。

常州和湖州两地的紫笋都是贡茶，这导致两地存在了一定的竞争关系，于是都争着抢先制茶，希望自己的茶能够最先进贡到京城，得到皇帝的认可，"争先万里，以要一时之泽"（《嘉泰吴兴志》）。但是茶并不是越早越好，太早制作的茶，生长期不足，内含物不丰富，反而质量不高。于是，两地官员决定不再恶性竞争，而是友好协商，并在湖常两州交界之处的啄木岭建了一座境会亭。每到春天要采茶的时节，两州太守便相聚于此，共同会商茶事。"湖州长兴县啄木岭金沙泉，即每岁造茶之所也，湖常二郡，接界于此，厥土有境会亭，每茶节，二牧皆至焉。"（毛文锡《茶谱》）大诗人白居易就曾经写诗谈到这样的聚会："遥闻境会茶山夜，珠翠歌钟俱绕身。盘下中分两州界，灯前合作一家春。青娥递舞应争妙，紫笋齐尝各斗新。自叹花时北窗下，蒲黄酒对病眠人。"当然，这一次美妙的茶会他并没有能参加，所以艳羡之情溢于言表。

唐代产茶之地已经很多，陆羽在《茶经·八之出》详细介绍了唐代的八大茶区共四十三州，或称"八道四十三州"。

山南茶区：峡州，襄州，荆州，衡州，金州，梁州；

淮南茶区：光州，义阳郡，舒州，寿州，蕲州，黄州；

浙西茶区：湖州，常州，宣州，杭州，睦州，歙州，润州，苏州；

剑南茶区：彭州，绵州，蜀州，邛州，雅州，泸州，眉州，汉州；

浙东茶区：越州，明州，婺州，台州；

黔中茶区：思州，播州，费州，夷州；

江南茶区：鄂州，袁州，吉州；

岭南茶区：福州，建州，韶州，象州。

如此众多的茶产区，生产的名优茶也很多。李肇的《唐国史补》中就列出了一系列唐代名茶：

"风俗贵茶，茶之名品益众。剑南有蒙顶石花，或小方，或散牙，号为第一。湖州有顾渚之紫笋，东川有神泉、小团、昌明、兽目，峡州有碧涧、明月、芳涩、茱萸簝，福州有方山之露牙，夔州有香山，江陵有南木，湖南有衡山，岳州有浥湖之含膏，常州有义兴之紫笋，婺州有东白，睦州有鸠坑，洪州有西山之白露。寿州有霍山之黄牙，蕲州有蕲门团黄。"

书中李肇一口气列出了几十种茶，其中最先谈到的剑南蒙顶山也是备受唐人喜爱的名茶产区。从这段记载我们还可以知道蒙顶山茶在唐代的主要品名：蒙顶石花。

蒙顶山位于四川雅安，峰峦挺秀，重云积雾，景色秀丽。有道是高山云雾产好茶，这样的地理条件决定了蒙顶山是一个优质的茶产地。如果说顾渚山上规模宏大的贡茶院给紫笋茶戴了一顶桂冠的话，那么蒙顶山的茶就并不仅凭贡茶闻名，它的胜誉更多来自众相夸赞的口碑。有这么一副著名的茶联："扬子江心水，蒙山顶上茶。"扬子江心水指的是位于扬子江心的中冷泉水。中冷泉又称扬子江南零水，即前文提到的《煎茶水记》中的天下第一泉，世所闻名。坊间还流传着有关茶圣陆羽辨识南零水的传说，且被记入《煎茶水记》和《采茶录》这样的茶书中。而在人们的心目中能够与南零水相媲美的只有蒙顶山上的茶。"琴里知闻唯渌水，茶中故旧是蒙山"，白居易把蒙顶山茶与东汉音乐家蔡邕所作的《渌水》名曲相提并论。无论是《渌水》琴曲还是俗谚中的南零水，都是各自领域中的佼佼者，能与它们并列，可见蒙顶山茶在世人心中的认可度。

有一位诗人王越大概对陆羽只推荐了紫笋茶而未推荐蒙顶山茶很是不平，于是写了这样一首《蒙顶石花茶》：

《蒙顶石花茶》

闻道蒙山风味嘉，洞天深处饱烟霞。

冰绡剪碎先春叶，石髓香粘绝品花。

蟹眼不须煎活水，酪奴何敢斗新芽。

若教陆羽持公论，当是人间第一茶。

诗人先盛赞了蒙顶山茶的品质，最后语重心长地对茶圣说：陆羽啊，你要是来尝过了这蒙顶山的茶，平心而论的话，应该会把它推为人间第一茶吧！

▶

3-4-11

蒙顶山的皇茶园·四川雅安·张雅琪 摄

白居易对来自蜀地的茶都很喜爱："蜀茶寄到但惊新，渭水煎来始觉珍。满瓯似乳堪持玩，况是春深酒渴人。"新茶刚寄到就迫不及待地煎来尝鲜，还要品鉴把玩一番，这真是个爱茶人。白居易并不仅是喜欢一个地方的茶，对各地的好茶他都会品饮赞赏。写到诗歌里就留下了那一时代茶饮的雪泥鸿爪。比如"醉对数丛红芍药，渴尝一碗绿昌明"。这说的是另一款唐代名茶——昌明茶。

郑谷的一首《峡中尝茶》："簇簇新英摘露光，小江园里火煎尝；吴僧漫说鸦山好，蜀叟休夸鸟嘴香。"诗里提到了三款唐代名茶——峡中的峡州茶、江南的鸦山茶和四川的鸟嘴茶，足见诗人也是个品茶的行家。

还需要一提的是产于绍兴的剡溪茶，茶圣陆羽最要好的朋友唐代著名诗僧皎然有一首写茶的名篇《饮茶歌诮崔石使君》，说的就是剡溪的茶：

《饮茶歌诮崔石使君》

越人遗我剡溪茗，采得金牙爨金鼎。

素瓷雪色缥沫香，何似诸仙琼蕊浆。

一饮涤昏寐，情思爽朗满天地。

再饮清我神，忽如飞雨洒轻尘。

三饮便得道，何须苦心破烦恼。

此物清高世莫知，世人饮酒多自欺。

愁看毕卓瓮间夜，笑向陶潜篱下时。

崔侯啜之意不已，狂歌一曲惊人耳。

孰知茶道全尔真，唯有丹丘得如此。

诗中用饮茶的妙处来讥诮崔石使君的饮酒，皎然详细描述了他品饮剡溪茗的感受，从一饮二饮到三饮，诗人写的文气沛然，节奏铿锵，皎然这三饮毫不亚于玉川子卢仝的七碗茶。这也是笔者最喜欢的茶诗之一，这首诗的最后一句也是"茶道"一词的出处。

3-4-12

皎然在三癸亭为陆羽和颜真卿写的诗歌·湖州杼山·冷帅 摄

诗仙李白还发现并命名了一款好茶。他写有一篇《答族侄僧中孚赠玉泉仙人掌茶诗并序》的长诗，诗前还有一个不短的序文，说是在荆州有个玉泉寺，靠近清溪诸山，山洞中有乳窟。窟中有许多玉泉交汇流淌，洞中还有很大的白蝙蝠，热衷修仙的李白查了《仙经》，于是认为蝙蝠长得像老鼠却有翅膀，所以就是成仙的老鼠，而它们正是因为喝了洞中的泉水才如此神奇，这当然是古代人由于科学不发达产生的异想。而这里有一位玉泉真公确也由于常采摘这里泉水旁生长的

3-4-13

《萧翼赚兰亭图》（传）·【唐】·阎立本

【台北故宫博物院藏】

说明　画面讲述了一个有趣的故事：唐太宗喜欢东晋大书法家王羲之的作品，并在全国搜寻，然而王羲之的代表作天下第一行书《兰亭集序》却始终找不到，有人说是在一个老和尚辩才的手里，然而问到辩才时，辩才却矢口否认，于是唐太宗便派了御史萧翼伪装成香客进香，骗取了辩才的信任，拿到了《兰亭集序》这一书法名作。阎立本的这幅画作，表现的就是萧翼与辩才交谈时的场景，画面右侧儒生装扮的人便是御史萧翼，与他相对而坐的便是辩才法师，重点是在这幅画面的最左侧，有两个侍者在烹茶，这幅画为我们再现了唐代时饮茶的场景。

茶叶饮用而八十多岁还颜色如桃李，说明了这茶有很好的保健功效。李白说这茶的样子"拳然重迭，其状如手"，所以叫仙人掌茶，最后还说以后要记得发现这茶的是李白他老人家和给他茶的族侄中孚。诗中写道："常闻玉泉山，山洞多乳窟。仙鼠白如鸦，倒悬清溪月。茗生此石中，玉泉流不歇。根柯洒芳津，采服润肌骨。从老卷绿叶，枝枝相接连。曝成仙人掌，似拍洪崖肩……""曝成仙人掌"一句也为我们留下了唐代制茶晒青制法的重要记载。

说明 在局部图上，我们可以清晰地看到一个三足风炉，风炉上的茶釜中水纹波动，似欲滚沸，老年侍者坐在风炉前，手持竹夹，他对面的青年侍者弯腰捧起一个盏托，盏托上有一只白色茶碗，地面的竹帘上也放着一些茶碗等器物。

3-4-14

《调琴啜茗图》·【唐】·周昉

【美国纳尔逊·艾京斯艺术博物馆藏】

图中表现了唐代贵族妇女优雅闲适的生活，画面左侧一位妇女膝横古琴，正在弹琴，她的旁边站着一位侍女，手捧茶盘，准备在主人一曲终了，为她奉茶

第四章 CHAPTER 4

茶盛于宋

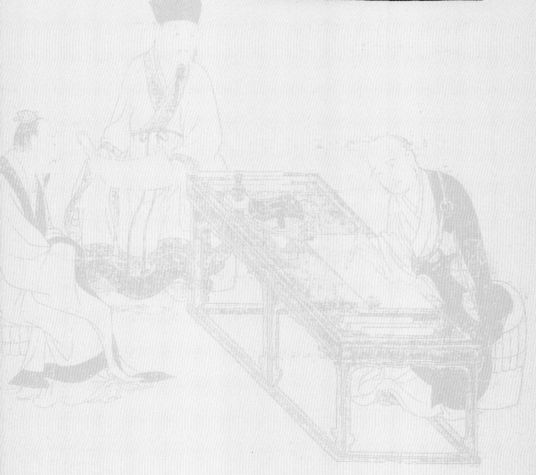

这是一个商业繁荣的时代，这是一个学术鼎盛的时代，这是一个文化昌达的时代，这也是一个充满了艺术气息的浪漫时代。穿过五代十国的乱世云烟，宋代在经济和文化上都达到了古代社会的一个新高峰。

历史学家黄仁宇在《中国大历史》中说："公元960年宋代兴起，中国好像进入了现代，一种物质文化由此展开。货币之流通，较前普及。火药之发明，火焰器之使用，航海用之指南针，天文时钟，鼓风炉，水力纺织机，船只使用不漏水舱壁等，都于宋代出现。"

茶文化也在唐代的基础上进一步有了发展变化。我们常说茶文化"兴于唐而盛于宋"，进入宋代，茶业经济和茶道文化全面繁荣。饮茶之风遍及宋代社会，上至皇帝、王公贵族，下至平民百姓，无不饮茶。王安石说："夫茶之为民用，等于米盐，不可一日以无。"在宋代，茶已经成为人们日常生活的必需品。

宋代的茶学专著远较唐代为多，很多茶学专家深入研究撰写了很多有价值的茶书，如蔡襄的《茶录》、宋子安的《东溪试茶录》、黄儒的《品茶要录》、熊蕃的《宣和北苑贡茶录》、赵汝砺的《北苑别录》等相关著述二十余部，宋徽宗赵佶更是以皇帝之尊撰写茶书《大观茶论》，除此之外，两宋文人创作的茶事相关诗词文赋更是不可胜数。

宋代的茶学专著与唐代不同的是，有相当大的比重都是围绕北苑贡茶来写的，可以说，北苑贡茶在宋代茶学中有着十分重要的意义。

北苑在今天的福建省建瓯，宋代皇帝罢贡顾渚茶，可能跟气候变化有一定的关系，自五代以来，气温较唐代为低，湖州茶萌芽略迟，而位置偏南地处福建的建瓯则萌芽较早，可以保证宫廷的早春茶供给，而建瓯所产茶品质优异颇能满足皇帝和王公大臣们的用茶需要，这样从五代南唐始，建瓯茶开始成为贡茶。

建瓯称为北苑，源自五代南唐时。其实，在北宋时，大家就已经搞不清得名缘由了，帝王的花园称为苑，建瓯地处东南，为何名之以北？宋代大科学家沈括在他的科学著作《梦溪笔谈》里做了探讨，揭开了答案。五代南唐时，南唐的李氏皇帝就选用建瓯茶入贡，南唐皇宫中有御花园名北苑，北苑的长官北苑使擅长制茶，便被派到建瓯监造贡茶，人们就把此茶称为北苑茶，时间久了，北苑就成为建瓯这个地方的代称。

在贡茶的推动下，建瓯地区成为宋代最负盛名的产茶区，整个建瓯地区，造茶的焙所星罗棋布，多达一千多处，"官私之焙千三百三十有六"，其中皇家官焙32处，北苑茶声振天下。

北宋初年，宋太宗为了区别皇家茶和平民茶，特地制作了压制茶饼的龙凤模子，制作出压有龙凤花纹团茶，称为"龙凤团饼"或"龙凤茶"。"太平兴国初，特置龙凤模，遣使即北苑造团茶，以别庶饮，龙凤茶盖始于此（《宣和北苑贡茶录》）"。

北苑龙凤团茶发展到庆历年间，一位茶学大师走上历史舞台，他就是大书法家蔡襄。蔡襄字君谟，是宋代四大书法家之一（宋四家：苏东坡、黄庭坚、米芾、蔡襄），有着极高的书法造诣，欧阳修曾评价他的书法："蔡君谟独步当世。"

蔡襄不仅是宋代了不起的书法家，也是一位杰出的制茶专家。蔡襄做事非常细致认真，他博学多闻又有着艺术家特有的创造性。庆历年间，他担任福建路转运使，专门负责督造贡茶，他在原本的龙凤团茶的基础上精加工出了一款传奇名茶——小龙团茶。

小龙团茶到底有多精致呢？我们从当时人的记述中可以略知一二。当时的大文豪欧阳修在他的著作《归田录》中有这样一段记载：他说，蔡襄监造的小龙团茶"其品绝精"，在当时，一斤小龙团茶价格为二两黄金，这个价格已经很高了，但是依然有钱买不到，"然金可有而茶不可得"。欧阳修又举了一个例子说明茶的珍贵。有一次，皇帝祭祀之后，给大臣赏赐茶，不是所有的大臣都能得到赏赐，这次只赏给了中书和枢密院的大臣，大臣们得到多少呢？四个人分一饼茶，要知道小龙团茶二十饼重一斤，合今天一人分得的茶大约不到十克，分到茶的人都格外珍稀。欧阳修说："宫人往往缕（一作覆）金花于其上，盖其贵重如此。"即便是宫里的妃嫔、宫女都会用金子雕花盖在小龙团上作为装饰，这款茶在宋代就是如此贵重。

4-1-1

蔡襄·《晚笑堂画传》·【清】·上官周

蔡襄，字君谟，谥"忠惠"。
宋代著名书法家和茶学专家。蔡襄的诗歌也写的很好，他的诗中有很多都写到了茶，比如他的组诗《北苑十咏》写采茶"阴崖喜先至，新苗渐盈把"；写造茶"屑玉寸阴间，抟金新范里。规呈月正圆，势动龙初起"；写喝茶"兔毫紫瓯新，蟹眼青泉煮"等，生动有趣！

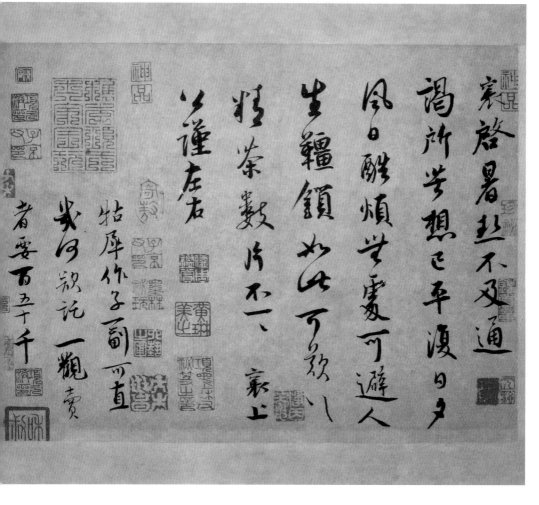

4-1-2

《暑热帖》·【北宋】·蔡襄

因其中有精茶二字也被称为《精茶帖》

【台北故宫博物院藏】

由于蔡襄在宋代茶史中的独特地位，使得蔡襄一如唐代的陆羽，后世流传了很多他与茶相关的趣闻轶事。

在建安能仁院有棵茶树从石缝里生长出来，于是寺里的僧人就从树上采茶制造了八饼茶，起名叫石岩白，然后将其中的四饼茶送给了蔡襄，剩下的四饼茶派人带到京城送给了王禹玉，然而蔡襄并不知道还有另外四饼茶。过了一些日子，蔡襄被召回京，有一天他去拜访王禹玉，主人就让家人在自家的茶笥里挑选精品茶招待蔡襄，当茶奉上来的时候，还没等品尝，蔡襄就捧着茶瓯对主人说：您的这个茶极像建安能仁院里的石岩白，您何从得之？王禹玉很是惊讶，怎么蔡襄不用品，一看就能知道是什么茶，于是将信将疑的让人拿来茶的标签，一验证果然不错，正是石岩白！如果这个故事是真的，那么蔡襄辨别茶的能力真是神乎其技。

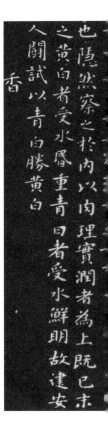

碾茶

碾茶先以淨紙密裹椎碎然後熟碾其大要旋

茶宜蒻葉而畏香藥喜溫燥而忌濕冷故收藏之家以蒻葉封裹入焙中兩三日一次用火常如人體溫溫則禦濕潤若火多則茶焦不可食

炙茶

茶或經年則香色味皆陳於淨器中以沸湯漬之刮去膏油一兩重乃止以鈐箝之微火炙乾然後碎碾若當年新茶則不用此說

點茶

茶少湯多則雲腳散湯少茶多則粥面聚建人謂雲腳粥面鈔茶一錢匕先注湯調令極勻又添注之環回擊拂湯上盞可四分則止眂其面色鮮白著盞無水痕為絕佳建安鬥試以水痕先者為負耐久者為勝故較勝負之說曰相去一水兩水

下篇論茶器

茶焙

茶焙編竹為之裹以蒻葉蓋其上以收火也隔

4-1-3

《茶录》碑帖(一)·【北宋】·蔡襄

说明　蔡襄创作了宋代茶史上非常重要的茶学专著《茶录》，《茶录》分上下两篇，上篇论茶，下篇论茶器，对宋代茶事作了详细介绍

臣居注奏事
仁宗皇帝儼承
天問以建安貢茶并所以試茶之狀臣謂論茶雖
禁中語無事于密造茶錄二篇上進後知福
州為掌書記竊去歲稿不復能記知懷安縣
樊紀購得之遂以刊勒於好事者然多舛
謬臣追念
先帝顧遇之恩攬本流涕輒加正定書之
治平元年五月二十六日

三司使給事中臣蔡襄謹記

善為書者以真楷為難而真楷又以小字為難
羲獻以來遺蹟見於今者多矣小楷惟樂毅論
一篇而已今世俗所傳出故高紳學士家寀
為真本而斷裂之餘僅存者百餘字爾此

蔡襄在制茶上精益求精，为皇帝制作了最好的茶，却同时也给当地的人民增加了负担，所以苏东坡曾经写诗批判他："君不见武夷溪边粟粒芽，前丁后蔡相笼加。争新买宠各出意，今年斗品充官茶。"（前丁指曾负责督造贡茶的丁谓，后蔡即蔡襄。）

◀

4-1-4

《茶录》碑帖(二) · 【北宋】· 蔡襄

说明 这里蔡襄很无奈地向皇上报告了一件事，原来他的《茶录》刚写完，初稿就被身边的下属偷去了，而且卖给了别人并刊刻出书，行于天下，但是书中尚有很多不完善的地方，蔡襄"揽本流涕"，将此书重新修订完成。

然而天外有天，后来贾青担任福建路转运使，又在小龙团的基础上精加工出了"密云龙"茶，极为甘馨，以至于连皇太后都感慨这个茶过于奢侈，不让再继续制作了。

　　诗人苏颂曾经有幸品过密云龙茶，于是写下了以下诗篇：

精芽巧制自元丰，漠漠飞云绕戏龙。

北焙新成圆月样，内廷初启绛囊封。

先春入贡来千里，中使传宣下九重。

自省何功蒙上赐，青嵩应为倚长松。

龙凤团茶·《宣和北苑贡茶录》

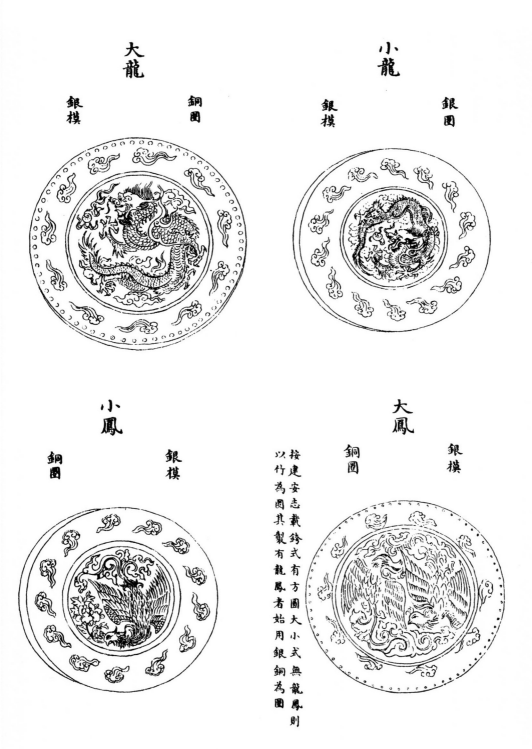

大龍
銀模　　銅圈

小龍
銀模　　銀圈

小鳳
銅圈　　銀模

大鳳
銅圈　　銀模

按建安志載銙式有方圓大小弍無龍鳳則以竹為圈其製有龍鳳者始用銀銅為圈

宋代茶的制作方法

宋代茶有散茶、饼茶之分，《宋史食货志》："茶有二类，曰片茶，曰散茶。"片茶即饼茶。散茶主要出产在淮南、归州、江南等地，但宋代整体上仍以饼茶为主流，与唐代一样都属于蒸青绿茶。由于宋代茶书中对北苑茶的记载最详细，所以我们的介绍也以北苑茶为例。

宋代茶的制作主要分为八个步骤：开焙、采茶、拣茶、蒸茶、榨茶、研茶、造茶、过黄。

第一步，开焙。

每年早春惊蛰时开焙，做制茶的准备，明代称为开园。建溪茶比其他地区的茶发芽要早，而北苑的茶发芽尤其早，气候温暖的年份，甚至会在惊蛰前十天就发芽了，当然也有特别寒冷的年份，但也在惊蛰后五天就发芽了。《大观茶论》说一定要趁轻寒之时英华渐长，嫩芽徐徐伸展，这时开焙采茶才能色味两全，不然天气一热，芽头暴涨，就失了天时，味道不好了。当然，过早采摘也不好，所以一般都是正当惊蛰时开焙。

第二步，采茶。

宋代采茶讲究凌晨采茶，不可见日，因为凌晨时正是露水未干之时，古人很喜欢露水，认为露水有一定的养生功效，所以带着夜露将茶芽采下来，这时的茶芽最是肥润，等到出太阳了就不能再采茶了。

采茶的时候要用指甲快速把茶芽掐断采下，不能用手指肚去捏茶芽，因为手指肚会留有汗液而且有体温，"气汗熏渍，茶不鲜洁"，而且采茶的时候为了保持茶芽的鲜洁，采茶工往往要随身携带水瓶，采下的茶芽要立刻投入水中。

采下的茶要分不同的等级："凡芽如雀舌谷粒者为斗品或'小芽'，一枪一旗为拣芽，一枪二旗为次之，余斯为下。"（《大观茶论》）

最上等的茶像小麻雀的舌头或一粒小小的谷子，意为即纤小又饱满，这样的茶称为"斗品"或"芽茶"（我们今天依然把细嫩的小茶芽称为雀舌）。如果采下的茶是一根未展开的小芽旁边还有一片略微展开的小叶片，小芽如枪小叶如旗，一芽一叶即是一枪一旗，称为"拣芽"，如果小芽旁边有两个小叶片就是一枪二旗，以此类推，旗越多，即叶片越多，那么芽的占比就越低，茶青的品质就越差。

宋代虽然以采春茶为主，但是也有采制秋茶的情况。大诗人陆游的诗句如"邻父筑场收早稼，溪姑负笼卖秋茶"，"间从邻叟试秋茶"等都体现了宋人采制品饮秋茶的场景。

采摘下来的茶芽要迅速进入制作环节，不能积压过时，不然在喝茶时就会发现茶汤泛红，而不是鲜白的正色。

第三步，拣茶。

拣茶，就是把上一步采下来的鲜叶嫩芽进行挑选、筛检，把不合要求、不达标准的剔除出去，经过严格挑选的优质鲜叶才能进入下一步制作。拣茶时要注意，紫色的茶芽是不能要的——这和唐代"紫者上"的好茶标准截然相反。白合、乌蒂也要挑出来扔掉。白合是指对生的两小叶抱一小芽，早春采第一批茶时，常有白合现象。乌蒂是指茶芽底下的蒂头颜色发红带黑。有白合在则茶味不好，有乌蒂、紫芽在则茶色不佳。

在拣茶的过程中还要把不同等级的茶区别出来，最好的是形如雀舌的"小芽"，一枪一旗的"中芽"次之，再往后更次之。但北苑贡茶中在"小芽"之上还有一种顶级茶青，可说是超品，叫作"水芽"，水芽是再把细小的小芽小心翼翼地剔开，在小芽内部有一丝还未长成的细芽，"取其心一缕"，将这一丝细芽剔出，放在水盆中，我们知道随着叶子越来越成熟，叶子的绿色就会随之加深，刚长出的小叶往往颜色发浅呈黄绿色，从芽心剔出的这一丝细芽，是白色的！这白色的细芽在水中光明莹洁，就像一丝银线，因此称之为"银线水芽"，或曰"水芽"。《宣和北苑贡茶录》中提到这里时不禁感慨："至于水芽，则旷古未之闻也！"我们想，用银线水芽来制作一饼茶需要耗费多少茶叶，又要耗费多少人力，封建统治者之劳民伤财由此可见一斑。

· 花絮小知识 ·

银线水芽茶最早是宣和年间由漕臣郑可简所创制的，他将此茶献给朝廷，立刻艳压群芳，把一众名茶都比了下去，自然得到了艺术家皇帝宋徽宗的认可，郑可简竟由此飞黄腾达。多年后，他的儿子也因为巧取了堂兄弟的朱红瑞草进献皇帝，从而得做高官。爷俩都是靠进贡特殊植物拍皇帝的马屁发达，也算子承父德，一门基因有传了，所以有人作诗讽刺他们："父贵因茶白，儿荣为草朱。"

第四步，蒸茶。

蒸茶即对茶叶蒸青，蒸茶之前要用清洁的器皿将拣选过的茶芽反复洗涤，然后放入甑（类似蒸锅）中，将水烧开进行蒸青。蒸青是制茶中非常重要的环节，茶之好坏皆系于此，要注意掌握火候，既不能过熟也不能不足。

"蒸不熟"，即蒸青火候不够时，则茶叶颜色发青，闻起来有浓烈的生桃仁或青草的气味，古人称为"草木之气"，这种气味的出现是由于杀青不足，导致茶叶中低沸点的草青气物质没有逸散消失干净，高沸点的芳香物质被草青气遮盖造成的。

蒸青过度也不好，蒸得过熟，茶芽就会被蒸烂，茶叶的色泽也会显得有些发红，点出的茶汤品质也不好，茶汤的颜色会发黄，茶汤表面的茶泡沫（粟纹）也会过大，喝起来茶的味道也会变淡。此外还有一种被称为"焦釜"或叫"热锅气"的情况，跟蒸青时间有关。蒸茶时一定不能太久，一方面会导致蒸青过度，另一方面会导致锅里的水被蒸干而发出焦煳味儿，这时，往往会有茶工向锅里添加新的热水，殊不知茶青已熟再经熏蒸已不可救，试喝的时候会发现汤色昏暗发红，气焦味恶，这种情况便是"焦釜之病"。

综上所述，蒸青既不可不足亦不可过熟，需恰到好处。蒸青重点要把握高温短时，我们看唐代陆羽在《茶经》中设计的茶灶不要烟囱，蒸锅要求密封得严实，其实都是为了这样的目的。蒸青合适的茶叶色泽青绿，叶身柔软略有黏性，折茎不断，闻之有清鲜的豆香而无草青气。

第五步，榨茶。

蒸茶结束后便进入榨茶的环节。蒸好后的茶叫作"茶黄"，刚出蒸锅的茶很热，要用凉水淋洗几次，让茶冷却下来，然后先放入小榨中榨去水分，脱水后，将茶叶包在布帛里，外面用竹皮捆好放入大榨中压榨以"榨出其膏"。这个"膏"指茶汁，榨过一次茶汁后，半夜时分将茶叶从榨中取出揉匀，然后再次放入大榨中如前榨膏，谓之翻榨。这次翻榨要一直工作至清晨，经过一夜奋力工作，茶汁榨干，茶叶呈现出干竹叶的颜色。

我们发现，唐代人制茶时"畏流其膏"，即很怕茶汁流失掉，而宋代截然相反，要反复压榨，去膏务尽。这是为什么呢？榨去茶汁的目的是把茶叶的内含物质压榨出去一部分。唐代时主要喝江南的茶，如唐贡茶为江苏、浙江的紫笋茶，江南茶芽叶纤小，味道轻清，因此，要尽量保留茶叶的内含物质，免得喝起来茶味淡薄。宋代以福建北苑为贡茶，此地茶叶内含物较多，"味远而力厚"，喝起来苦涩感会略重。今天，我们可以用氧化发酵、渥堆等方式减轻苦涩度，使茶汤口感醇和，但古人能想到的，唯有榨去茶汁一途。另外，宋代人喝茶崇尚白色的茶汤，榨去茶汁也可使汤色变淡。如果榨得不够干净，喝茶时发现颜色虽白，但口感带苦，这是不达标的，称为"渍膏之病"。

第六步，研茶。

研茶时要用到像杵臼一类的工具，以陶盆为臼，以木棍为杵，将榨过膏的茶放入陶盆内捣研。研茶时要洒入适量的水，然后用杵捣磨，一直到水差不多干了，就再加水研磨，如此反复。加水的次数与茶的品种等级相关，加水的次数越多，研磨的茶叶就越细，相应的成品茶质量就越高。

制作最好的"胜雪""白茶"要加十六道水；用一枪一旗的"拣芽"

原料制作的茶饼加六道水；小龙凤团茶加四道水，大龙凤团茶加两道水；除此之外的其他茶一概加十二道水。研茶工序是枯燥的体力活，体弱的人干不来，需要强而有力者为之，即便是壮小伙子来干，六水以下的茶一天也不过就能研磨三到七饼茶的量，而十二水以上的茶一天仅能研磨一饼。

宋代凡事讲求精美，皇家贡茶对茶饼的外形颜值要求极高，茶叶研磨得越细，压出的茶饼就会越光洁、平整，茶饼上压制的图案也会越清晰。

第七步，造茶。

造茶就是制作茶饼。将研磨好的茶调匀，放入模具中制作茶饼。模具材质有银有铜，形制有方形的，有圆形的，有花形的，尺寸有大有小，但整体都偏小，大的不过是直径四寸五分的圆模，小的仅有一寸二分见方。

第八步，过黄。

茶饼造好后，要对茶饼进行焙火干燥，这个环节就是过黄。

将造好的茶饼先用大火烘焙，接着用水蒸气熏蒸，然后取出复用大火烘焙，如此反复三次，再用火烘焙一晚，第二天用温火慢烘，称为烟焙。烟焙时，火不可太烈，用有温热度的火即可，火势烈则茶面会干裂发黑。而且，焙火时断不可有烟，一旦有烟则茶香被烟味熏染，气味败坏，喝茶时也会有焦煳味的不良口感。焙火的天数，随茶饼的厚薄而有不同，厚的茶饼，焙火多至十到十五天，薄的茶饼，六到八天即可。温火焙过后，取出，过汤上出色，出色之后，再放置于密室中，快速用扇子扇风，扇干时，茶饼的颜色自然光亮莹洁。

至此，北苑贡茶的制作算基本完成了。由上述可见，宋代茶叶生产工艺复杂，制作精良，最初，只有为皇家生产茶的官焙才如此精细制作，但后来民间私焙制作水平也越来越好，"外焙之家，久而益工"。

北苑茶中还生产一种"蜡面茶"，又称"蜡茶"（又常写作腊茶），也是宋人极喜欢的茶类。这是一种在制作时加入香料膏油而制作出来的茶，这种茶烹点之后茶汤表面会浮有一层乳油，看起来就像是铺着一层刚熔化的蜡油，因此称为"蜡面茶"。蜡面茶虽然成名于宋，但其实在唐代就已经出现了，唐代诗人齐己在《谢邛湖茶》诗中就提到"还是诗心苦，堪消蜡面香"。唐代的徐夤也写过《尚书惠蜡面茶》的诗，这首诗中写道："金槽和碾沈香末，冰碗轻涵翠缕烟。"其实就揭示了蜡面茶的一些制作方法，在金槽里碾碎沉香末放入茶中提香。"蜡茶最贵，而制作亦不凡"（元·王祯《农书》）：挑选上等的小嫩芽儿，先碾碎，再放入罗筛中筛细，加入龙脑等名贵香料，然后就和制作其他茶一样，制作成茶饼，等到茶饼干了以后，再抹上香膏油润饰。好茶名香，所以价格不菲。"犹未有所谓腊茶者，今建州制造日新岁异，其品之精绝者，一饼直四十千，盖一时所尚，故豪贵竞市以相夸也。"（《南窗纪谈》）富豪之家经常以买到蜡茶来夸耀富贵。蜡茶从唐到宋到元，绵延几代，享誉一时。

北苑贡茶的产量发展很快，北宋初年，宋太宗时期一年才入贡五十片茶，到宋仁宗年间，仅四十多年后年产量即为小龙团、小凤团各三十斤，大龙团、大凤团各三百斤，入香和不入香的京铤茶共二百斤，蜡茶一万五千斤。

宋代的茶饼千姿百态，各式各样，但也有鉴别优劣的方法。唐宋两朝对茶饼外观的鉴别是非常重视的。首先要看茶饼的纹理，如果茶饼的表面皱缩，纹理像皱纹一样，那么茶膏必稀，如果纹理严整紧密，则茶膏必稠。如果茶饼的颜色发青紫，应该是采摘当天就制作的，品质较好；如果茶饼的颜色暗淡惨黑，不必说一定是过了一夜才去制作的，品质自然不好。如果茶饼的纹理燥赤，说明制茶时焙火过重，如果茶中有小沙粒，那就是制茶时洗涤不净。

有时也不能只看外貌，还要综合考量。有的茶饼肥厚紧实就像红色的蜡，碾出的茶末虽然是白色的，但是你用热水一浇，则原形毕露，立显黄色。有的茶饼紧密细腻却颜色稍黑，犹如苍玉，碾出的茶末是灰色的，但也不要着急，一入开水颜色却越来越白。有的茶饼光华外显而内里晦暗，有的茶饼外表灰头土脸但内质优异。

总的来说，茶饼的颜色晶莹透彻而不杂乱，质地细密而不浮华，拿在手里茶饼坚硬有分量，碾茶时声音铿然，那就证明是精品茶。

前文说过，宋代蜡茶盛行，很多茶在制作时要加入香料膏油，所以，蜡茶在看茶饼颜色时常不容易看准。蔡襄说，很多用膏油涂过的茶饼，会呈现青黄紫黑各种颜色，这时要想真正认识这饼茶就要像鉴别人一样不光看他的外表还要看内质，要从内在品质出发判断优劣真伪。

无独有偶，苏东坡也是茶道大行家，他也提出了品茶跟品人相近的道理，只不过苏东坡说得更有趣。他曾经写过一首别开生面的咏茶诗——《次韵曹辅寄壑源试焙新茶》。其诗如下：

《次韵曹辅寄壑源试焙新茶》

仙山灵草湿行云，洗遍香肌粉未匀。

明月来投玉川子，清风吹破武林春。

要知玉雪心肠好，不是膏油首面新。

戏作小诗君勿笑，从来佳茗似佳人。

这诗写得清新雅致，视角独特。他说拿到一饼珍膏油面杂以诸香的茶，是很难从外形上去判断优劣的，所以当时的茶人就要抛开这些外在形制，如蔡襄所说的"隐然察之于内"，细细探究茶的好坏。心思敏感细腻的诗人往往会推此及彼联想到其他事物。苏东坡大概就在辨别茶饼的优劣时想到了佳人，他想这多像见到一位美女的情况啊，要想知道这个女孩子的内在品质是不是优秀，心地是不是善良，人品是不是正直，就不能只看她光鲜的衣着、俏丽的饰物、浓艳的妆容，被这些表面的东西所迷惑，而要从她的言行举止，待人处事当中去认真品察。"要知玉雪心肠好，不是膏油首面新"啊！当然，我们看男人时这个道理同样适用，对帅哥的品评也要表里兼顾。

这首诗的最后一句，后来被很多茶人挑出来，和苏东坡咏西湖的名句合在一起凑成一副著名的茶联：若把西湖比西子，从来佳茗似佳人。

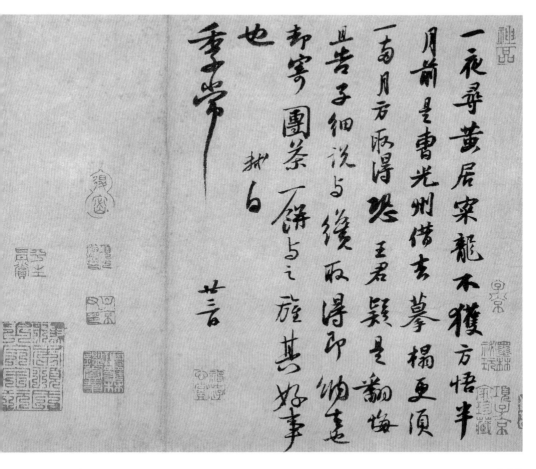

4-3-1

《一夜帖》·【宋】·苏东坡

说明 《一夜帖》是一副著名的苏东坡茶书法作品，它其实是一封苏东坡写给好朋友陈季常的信（就是那位以怕老婆闻名而留下"河东狮吼"成语的陈季常）。信里说苏东坡答应王君要借给他五代著名画家黄居寀的龙画，结果回去找了一夜也没找到，细一想，原来已经另借他人了，但是又怕这位王君怀疑自己是反悔不想借了，所以托陈季常代为解释，并送去团茶一饼以示歉意

　　苏东坡对茶往往有独到的见解,《续茶经》辑录的文献里记载了这样一个故事。司马光有一次与苏东坡论茶,他说茶和墨有着截然相反的品质:茶越白越好(宋代茶贵白),墨是越黑越好;茶是重的好(茶饼紧实、密度大,品质高),墨是轻的佳;茶要喝新的,墨却要用陈的。这总结的确有一番道理,苏东坡听了不以为然,他另辟蹊径,发表的见解却更上一层楼,他说:"上茶妙墨俱香,是其德同也,皆坚,是其操同也。"抛开外在形制,直接讨论其内在品质,在找出茶墨二者共性的同时上升到品德与操守的道德层面,司马光听了自然"叹以为然",很是佩服了。

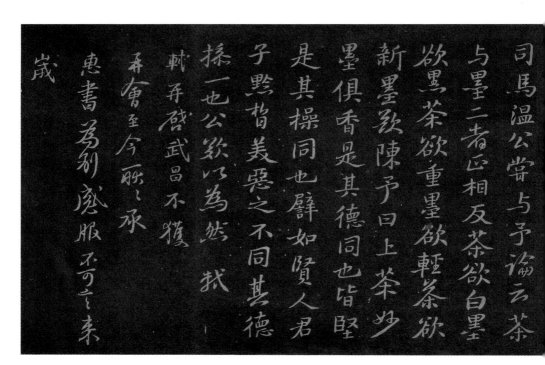

4-3-2

《与司马温公论茶墨帖》·【宋】·苏东坡

说明　　这幅书法作品就是苏东坡自己亲笔书写的前文花絮中所讲的小故事

4-3-3

《试院煎茶》·【宋】·苏东坡

说明 苏东坡的《试院煎茶》也是一首著名的茶诗歌，经常被后世的茶人引用，全诗如下：

《试院煎茶》

蟹眼已过鱼眼生，飕飕欲作松风鸣。蒙茸出磨细珠落，眩转绕瓯飞雪轻。银瓶泻汤夸第二，未识古人煎水意。君不见昔时李生好客手自煎，贵从活火发新泉。又不见今时潞公煎茶学西蜀，定州花瓷琢红玉。我今贫病常苦饥，分无玉碗捧蛾眉。且学公家作茗饮，砖炉石铫行相随。不用撑肠拄腹文字五千卷，但愿一瓯常及睡足日高时。

品类繁多的宋茶

北苑贡茶历经两宋，众多优秀茶人不断推陈出新，因此名品众多，在《宣和北苑贡茶录》和《北苑别录》等茶书中均有记述，现列于此，供大家一睹北苑贡茶之胜。

贡新銙（大观二年）

试新銙（政和二年）

白茶（政和二年）

龙团胜雪（宣和二年）

御苑玉芽（大观二年）

万寿龙芽（大观二年）

上林第一（宣和二年）

乙夜清供（宣和二年）

承平雅玩（宣和二年）

龙凤英华（宣和二年）

玉除清赏（宣和二年）

启沃承恩（宣和二年）

雪英（宣和三年）

云叶（宣和三年）

蜀葵（宣和三年）

金钱（宣和三年）

玉华（宣和三年）

寸金（宣和三年）

无比寿芽（大观四年）

万春银叶（宣和二年）

玉叶长春（宣和四年）

宜年宝玉（宣和二年）

玉清庆云（宣和二年）

无疆寿龙（宣和二年）

瑞云翔龙（绍圣二年）

长寿玉圭（政和二年）

兴国岩銙

香口焙銙

上品拣芽（绍圣二年）

新收拣芽

太平嘉瑞（政和二年）

龙苑报春（宣和四年）

南山应瑞（宣和四年）

兴国岩拣芽

兴国岩小龙

兴国岩小凤（已上号细色）

拣芽

小龙

小凤

大龙

大凤（已上号粗色）

此外还有北宋宣和二年所制，但五年后不再制作的十个品种：

琼林毓粹、浴雪呈祥、壑源拱秀、贡篚推先、价倍南金、旸谷先春、寿岩都胜、延平石乳、清白可鉴、风韵甚高。

御苑玉芽 銀圈徑一寸五分 銀模　白茶 銀圈徑一寸五分 銀模　龍園勝雪 竹圈方一寸二分 銀模　試新銙 竹圈方一寸二分 銀模　貢新銙 竹圈方一寸二分 銀模

宜年寶玉 銀模 銀圈長直三寸　萬春銀葉 銀模 銀圈兩尖徑二寸二分

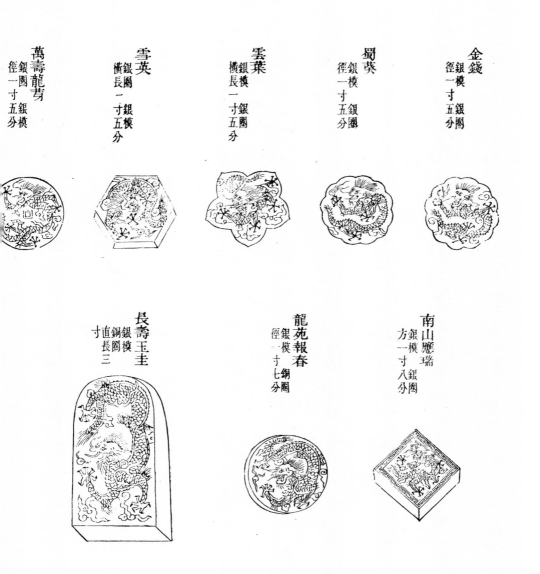

萬壽龍芽
銀圈徑一寸五分銀模

雪英
銀圈橫長一寸五分銀模

雲葉
銀模橫長一寸五分銀圈

蜀葵
銀模徑一寸五分銀圈

金錢
銀模徑一寸五分銀圈

長壽玉圭
銀模銅圈直長三寸

龍苑報春
銀模徑一寸七分銅圈

南山應瑞
銀模方一寸八分銀圈

4-4-1

《宣和北苑贡茶录》（部分）·【宋】熊蕃 撰·【清】汪继壕 校

除了影响深远的北苑贡茶，宋代各地茶产区也有非常丰富的茶品，仅在《宋史·食货志》中就记载了几十种：其出虔、袁、饶、池、光、歙、潭、岳、辰、澧州、江陵府、兴国临江军等地，有仙芝茶、玉津茶、先春茶、绿芽茶之类二十六种，两浙及宣、江、鼎州等地又以上、中、下或第一至第五为号的茶数种。散茶出淮南、归州、江南、荆湖等地，有龙溪茶、雨前茶、雨后茶之类十一种，江、浙、又有以上、中、下或第一至第五为号的茶数种。此外，散见于各种诗文记载的如蒙山茶、日铸茶、双井茶等更是名品繁多，另外各地都还有各种以价位评定的不同等级的茶。

4-4-2

《围炉博古图轴》·【南宋】·张训礼

日铸茶或者叫"日注茶"，产于绍兴县东南的会稽山日铸岭，是宋代一款名茶，欧阳修在《归田录》里说："草茶盛于两浙。两浙之品，日铸第一。"喜爱茶的大诗人陆游更是认为如果品饮日铸茶一定要辅以名泉，寻常之水不配来烹点日铸茶，"囊中日铸传天下，不是名泉不合尝"。而当选用了合适的泉水后，日铸茶给人的感觉是口中舌上的茶味持久回甘。陆游应该是非常喜欢日铸茶，写了很多关于日铸茶的诗歌，比如"日铸珍芽开小缶，银波煮酒湛华觞"；"日铸焙香怀旧隐，谷帘试水忆西游"。林正大说"建溪日铸争雄"，把日铸茶和北苑茶相提并论，《山谷煎茶赋》中也把建溪茶、双井茶、日铸茶并提。

产于江西的双井茶也是宋代的另一名茶。

宋代的大诗人、书法家黄庭坚是苏东坡的学生，也是他的好朋友，一次黄庭坚把自己家乡江西修水所产的一款品质优异的好茶——双井茶送给苏东坡，并热情洋溢地写了一首诗向同样爱茶的好朋友推荐此茶。

《双井茶送子瞻》（节选）

我家江南摘云腴，落硙霏霏雪不如。

为君唤起黄州梦，独载扁舟向五湖。

云腴是传说中的仙药。黄庭坚说我送你的可不是一般的俗物，乃是从我家乡采下来的仙家灵药啊！

其实，黄庭坚并不是最早发现这款好茶的，比他更早一些时候，他的江西老乡欧阳修就已经倾心此茶了，他曾经考察了双井茶的产地和制作方法，然后写了一首诗：

《双井茶》（节选）

西江水清江石老，石上生茶如凤爪。

穷腊不寒春气早，双井芽生先百草。

白毛囊以红碧纱，十斤茶养一两芽。

长安富贵五侯家，一啜犹须三月夸。

双井茶生长在西江水边的石缝里，每年早春时节先于百草抽芽，制作之时精挑细选，优中选优，十斤茶里才挑出一两嫩芽，可谓百里挑一。这样的好茶就是长安城里见多识广的王侯之家，喝上这么一小口也要连夸三月！

欧阳修喝过双井茶之后一百多年，南宋大诗人杨万里也得到了这款好茶，于是他想到了一百年前的那位文豪，杨万里拿着双井茶特地来到纪念欧阳修的六一泉畔（欧阳修号六一居士），用六一泉的水来烹点双井茶，喝罢了茶，大笔一挥也写了一首诗：

《以六一泉煮双井茶》

鹰爪新茶蟹眼汤，松风鸣雪兔毫霜。

细参六一泉中味，故有涪翁句子香。

日铸建溪当退舍，落霞秋水梦还乡。

何时归上滕王阁，自看风炉自煮尝。

这双井茶柔嫩清醇，连名茶日铸甚至建溪的北苑贡茶都要退避三舍，用六一泉水烹来怎不让人想念欧阳公呢？哦，对了，黄庭坚也夸赞过这个茶呢，读到黄庭坚的诗里不就飘着双井茶香吗？（黄庭坚号涪翁）

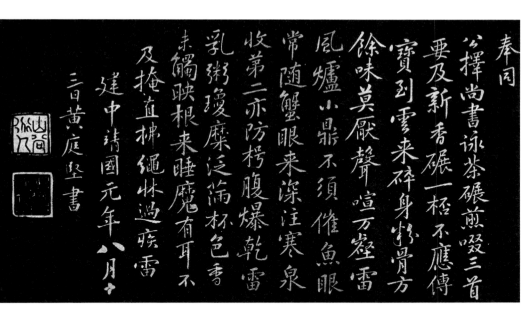

奉同
公择尚书咏茶碾煎啜三首
要及新香碾一杯 不应傅
宝到云来碎身粉骨方
余味莫厌声喧万壑雷
凤炉小鼎不须催鱼眼
常随蟹眼来深注寒泉
收第二亦防枵腹爆乾雷
乳粥琼糜泛满杯色香
来觚映根来睡魔有耳不
及掩直拂绳床过疾雷
建中靖国元年八月十
三日黄庭坚书

《奉同公择尚书咏茶碾煎啜三首》·【北宋】·黄庭坚

说明　这三首诗分别讲述了碾茶、煎茶和品（啜）茶的情形，黄庭坚与苏东坡、米芾、蔡襄并称宋代四大书法家，此帖可见其字美诗美

宋代点茶法

说到这里，读者可能已经迫不及待要问，那欧阳修、杨万里他们这些宋代人到底怎么喝茶呢？是和之前谈到的唐代人一样煮茶吗？

我们说中国饮茶的历史是不断革新的，宋代人不再使用煮茶的方式来饮茶，而是创造了点茶法。

下面我们就来介绍一下宋代点茶法的主要流程（＊ 本节古代饮茶方法为笔者复原拍照）。

宋代点茶法主要分为六个步骤：炙茶、碾茶、罗茶、候汤、熁盏、点茶。

第一步，炙茶。

品饮当年的新茶时，无需此步骤。

茶饼经年陈放之后，就会陈化，而茶饼制作时调入的膏油存放时间久了会因氧化发生油脂酸败，色香味都会发生不好的变化。所以，陈茶在喝之前要先经过处理。处理的方式是，先把茶饼放在干净的容器中用热水浸泡，等表面变软时刮去大概一两重的膏油，然后用茶钤夹住茶饼用微火烤干，方法与唐代炙茶相仿。若不烤干，则湿茶难以在下一环节碾碎。

炙茶工具：茶铃。

4-5-1

在火上将茶饼烤干

 说明 　茶铃：用铜或铁做成的夹子，用以夹茶饼

第二步，碾茶。

将茶饼用干净的纸密实地裹起来，用小椎敲碎，然后将敲碎的小茶块放入茶碾子中，快速用力地反复碾动将茶块碾成碎末。茶饼敲碎要立刻碾，当时就碾的茶颜色是白的，如果放了一段时间，比如头天晚上敲碎第二天再碾，茶的颜色就会昏暗发深。碾茶时间也不能过长，不然茶也会变颜色。

碾茶工具：**砧椎、茶碾、石磨。**

4-5-2

砧椎

> 说明 **砧椎**：用来敲碎茶饼的器具。一组两样工具，一块木制砧板，也有的砧做成臼的形状，一个金属制成的椎，即小锤子。将茶饼放在砧板上，用椎来敲打。

4-5-3

铁茶碾·【宋代】

【中国茶叶博物馆】

说明 茶碾：碾子最好是用熟铁来做，用生铁制作的茶碾，会影响茶的颜色，宋代皇室的要求最好是银制，贵重而洁净。茶碾的形制，要求碾槽要深而陡峭，这样茶块就容易聚集在碾槽的底部，碾出的茶末能够保持均匀。碾轮要薄、边缘要锐利，这样一方面便于碾碎茶叶，另一方面也不会在碾动中时常撞击碾槽边缘，发出声响。

4-5-4

用石磨碾出细腻茶粉

说明 **石磨：** 由于铁茶碾子有时不能达到碾末的标准，所以宋人常常也会使用石磨碾茶，石磨更便于碾出细腻的茶粉。

第三步，罗茶。

将碾好的茶末放到茶罗中筛细，茶罗时要轻轻晃动，保持平稳，不要把茶末扬出来，要多筛几次，不厌多，尽量筛得细。茶末筛得细，在点茶时才能很好地和水融合在一起浮在水中，茶面浓稠得像粥一样泛着光泽，如果茶末粗大就会沉在盏底了。

罗茶工具：茶罗。

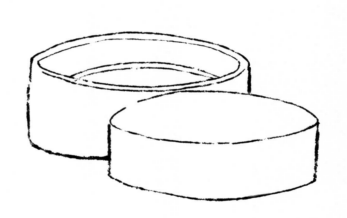

4-5-5

茶罗

说明 茶罗一定要特别细才好，筛面最好用蜀地东川鹅溪的画绢制作，因为鹅溪的丝绢质地最为细密

4-5-6

用茶罗将碾碎的茶末筛细

第四步，候汤。

做完了备茶的工作就要准备点茶的水了，用汤瓶来备水。唐代时将茶末放在锅中与水一起煮开，宋代则不然，单独把水烧开。宋代人非常讲究烧水的火候，既不能太开，也不能不开。水烧得不够开，茶末就会浮在水面上而难以溶在水中，若水烧得过开，茶叶又会沉在水底，正是候汤最难。

古人总结烧水时有一个时间段，水中会冒出一个一个小泡泡，就像螃蟹的眼睛一样，称之为"蟹眼沸"，宋代很多人认为用这个火候的水来点茶是最好的，所以经常能够在宋人描写喝茶的文字中，看到"蟹眼"这个词，比如"呼童烹露芽，蟹眼时一斟"，"急唤龙团分蟹眼"，"一试风炉蟹眼汤"……不胜枚举。但是也有不同意见，制茶专家蔡襄就认为煮水到蟹眼这个火候时，就已经有些老了，是过熟汤。蔡襄感慨说，候汤实在是太难了，唐代人用锅煮水，是没有锅盖的，所以用眼睛就能够观察水烧开的状况，宋代的时候水在瓶子里面，眼睛看不到，很难辨明火候，所以宋代人就只好用听觉来判断，所谓"汤响松风听煮茶"，听水开的声音就像是松林里吹过的风声，文人真是处处诗意！于是，我们在诗歌中又常能看到"松风"这样的字眼："茶熟松风生石鼎"，"松风一鼎煎茶声"，等等。

宋代罗大经的《鹤林玉露》里借同年李南金之口提出了"背二涉三"的概念。唐代陆羽在《茶经》中有一沸二沸三沸的说法，这一"三沸说"广为流传，"背二涉三"就是在三沸说的基础上提出的，系指二沸刚过三沸始起之时，以此水点茶。李南金还总结了一个听声辨水的口诀诗："砌虫唧唧万蝉催，忽有千车捆载来。听得松风并涧水，急呼缥色绿瓷杯。"先听到虫叫蝉鸣之声，接着会听到声如车骑驰过，待听到松风中夹杂着溪水之声时，赶紧把茶杯拿来，火候已经合适了。但罗大经认为点茶水温不宜过高，"汤欲嫩而不欲老，汤嫩则茶味甘"，如果听到松风涧水之声，实际上水已经滚开了，此时不应该立即去烹茶，而应该惟移瓶去火，等到沸腾停止水温稍降时再去烹茶，茶味才会甘甜可口。因补一诗："松风桧雨到来初，急引铜瓶离竹炉。待得声闻俱寂后，一瓯春雪胜醍醐。"

候汤工具：**汤瓶**。

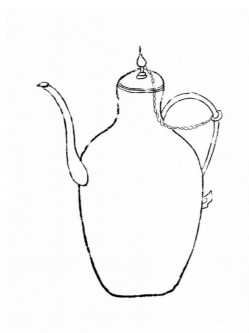

4-5-7

汤瓶

说明 汤瓶不要太大，小的汤瓶，一来水烧开得比较快，二来好握持，注水有准。汤瓶最好用金银来制造，或者用铁或陶瓷也可以。点茶注汤是否合适，与汤瓶的嘴有很大的关系，瓶嘴要略大，曲度要合适，嘴的末端要圆小而尖利，这样水流出来的时候就会紧密而有力量，而且不滴沥，不会破坏茶面。

第五步，熁盏。

正式点茶之前先要把茶盏温热，称为熁盏。这和我们今天泡茶之前，先要温壶温杯有相近之处。如果茶盏不温热，那么茶末就会滞留在杯底，而难以融合在水中，浮上水面，另外热盏点茶汤花出现快，保持得久。

4-5-8

熁盏

 在盏中倒入热水，将茶盏温热

4-5-9

宋代茶盏

宋代茶人喜欢使用颜色较深的茶盏，"盏色贵青黑"，以便于黑白分明，观赏浅色的茶汤。

说明　**茶盏：** 宋代人点茶使用陶瓷的茶盏，盏色贵青黑，茶盏的颜色喜欢深色的，这是因为宋代茶汤的颜色贵白，而且要点出白色的汤花。深色的茶盏，和白色的汤花，黑白分明，水痕明显，观感极好。宋代时流行使用建安所生产的建盏，建盏的颜色都是黑色或褐色的，其坯微厚，保温效果好，久热难冷。色浅而胎薄的瓷盏，都不利于点茶。茶盏不可太浅，盏深才便于运转茶筅翻出汤花。

　　有些建盏并不是纯色的，在烧造过程当中，出现了一些变化。有一种建盏，釉面呈现出条状结晶纹，像兔子的毫毛，称之为兔毫盏，是建盏中的精品，结晶的颜色不同又分为金盏、银盏等。"玉毫条达者为上"，宋人对此类茶盏极为推崇。比如："兔毫紫瓯新，蟹眼青泉煮。"用颜色黑紫带有兔毫纹路的茶盏就着清泉来点茶。再比如陆游也说："兔瓯试玉尘，香色两超胜。"兔毫盏点出的茶无论颜色还是香气都更好

兔毫盏·中国茶叶博物馆·冷帅 摄

说明 玉毫条达者为上，有一条
条纹路的兔毫盏，是建盏中
的精品。

第六步，点茶。

点茶又分为三步：置茶、调膏和点茶。

1. **置茶**：根据茶盏的大小放置适量的茶末，盏高而茶少就会遮掩住茶的色泽，茶多而盏小，茶就饱和了，不能完全被水融合。注水时也要注意，茶少水多则汤花散乱，即点出的茶泡沫稀少不凝聚；水少而茶多，那么就会像煮粥一样，过于浓稠。

4-5-11

将筛细的茶末放入茶盏中

2. **调膏**：将适量的茶末放入温热过的茶盏后，先注一点儿水，将茶末调匀，此时的茶膏是黏稠的。今天很多人在冲奶粉的时候也会先加一点水调匀。点茶的高手会根据茶末的多少，注入适量的水，调和得像融胶一样。

加入一点儿水，将茶末调成膏状

3. **点茶**：调膏后，向茶盏中注热水，注水到大概距离盏口四分的时候停止，然后用竹制的茶筅快速地击拂，打出浓浓白白的泡沫来，要求泡沫丰富耐久，不露水的痕迹。点茶的技术不好掌握，水平有高有低。

点茶

用力击拂茶汤（一）

点茶法——静面点

点茶时手法重而茶筅运转却轻，茶汤的表面，一平如镜，没有形成像小米粒儿或螃蟹眼睛一样的小泡沫，是因为用茶筅击拂的力度不够，水和茶末没有很好地融合起来，茶汤就不会产生泡沫，茶的色泽不够，英华涣散，这种点茶法就叫作静面点。

用力击拂茶汤（二）

点茶法—— 一发点

注入热水的同时用茶筅击拂，手法和茶筅都很重，虽然能形成泡沫，但是，泡沫并不多，一次注入的热水太多、太快，运转茶筅的手法不圆融，力道不均匀，虽然有泡沫，但凝聚得不厚，很快就会露出水面，这种点茶法，就叫作一发点。

以上两种都是不正确的点茶法，宋徽宗在《大观茶论》里做了认真的研究探讨，总结了以上点茶法的问题后，提出了最优的"七汤点茶法"，分七次注汤，完成点茶过程。

七汤点茶法

第一汤：沿着茶盏内壁，环绕茶盏加水，不要让热水直接浇在茶末上，力量不要太猛，先搅动调匀茶膏，然后加大力量击拂，手腕发力，手指绕着手腕旋转，手轻，但是茶筅击拂的力量重，盏中茶汤被搅动得上下透彻，这时汤花泡沫开始出现，虽然不多，但像疏星朗月一般，灿烂地浮现在茶汤的表面。出现这种情况就是一个良好的开始，"茶之根本立矣"。

4-5-16

第一汤

汤花泡沫开始出现，像疏星朗月一般，但是并不多

第二汤：注入第二道热水，用细细的水线向茶汤表面注水，环绕一圈，速度要快，急速注水急速停止，茶汤的表面不受扰动，这时再用力击拂，色泽渐渐舒展，汤花像小宝石一样错落闪烁。

继续向茶盏中注水

继续搅动茶汤

此时，汤花像小宝石一样错落闪烁

4-5-17

第二汤

第三汤：注热水的量和上一次一样，茶筅击拂的力量要轻，搅动要均匀，在茶盏里周回反复，这时就会产生像小米粒或小螃蟹眼睛一样的泡沫，茶的色泽已得十之六七矣。

4-5-18

第三汤

继续向茶面注水

第四汤：这一次注水要少，茶筅搅动的幅度要大，但是速度要慢，真精华彩焕然而生，泡沫凝结在一起像轻云一般。

4-5-19

第四汤

茶筅搅动的幅度要大

第五汤：这一次注水量没有定论，多少根据实际情况决定，茶筅搅动要轻盈、透彻，如果觉得泡沫还不够多，那么就加大力量，如果觉得汤花泡沫已经足够，那就停止击拂，要点是看到汤花就像聚合的云雾、堆积的白雪，那么茶色就合乎要求了。

4-5-20

第五汤

汤花就像聚合的云雾，堆积的白雪

第六汤：第六次注水的时候要看汤花的状态，如果泡沫丰富，汤花浓厚，那么茶筅只需沿着茶盏边缘，轻轻环绕拂动即可。

第七汤：第七次注水要分辨茶汤泡沫的浓厚情况，如果稀稠适中，那么就可以停止了。经过以上步骤，到此，七汤点茶法正式完成，此时茶汤表面泡沫浓密，乳雾汹涌，似乎要从茶盏上腾空而起，浓厚的汤花凝结在茶盏的内壁上，谓之咬盏。这时就可以品饮了。

4-5-21

将茶盏放在盏托上待品饮

4-5-22

第七汤

点好的茶，茶汤表面有浓密的泡沫

点茶工具：茶筅、茶匙。

4-5-23

茶筅

说明 茶筅: 用来击拂茶汤打出泡沫的器具。茶筅一般用老竹子来制作，因为老竹子纤维比较硬，韧性较好，上面一段竹节为手握处，下面则用细竹丝捆扎成束。

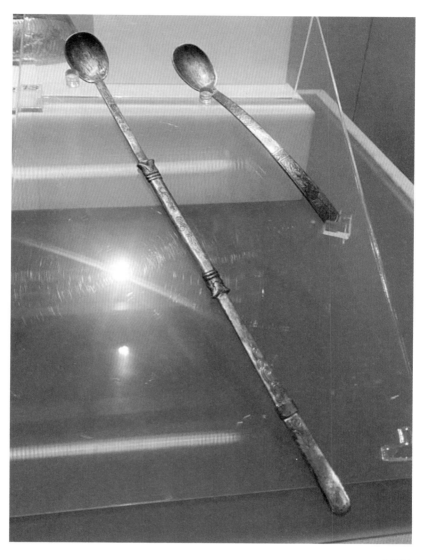

唐代宫廷茶具中的茶匙（复制品）·中国茶叶博物馆 刘博 摄

说明 茶匙的作用与茶筅相同，大多数人选用茶筅，但亦有人喜用茶匙。茶匙以黄金制作的最好，但民间也多用银或铁来制作。

宋代点茶常用茶具

学名:韦鸿胪
小名:茶炉
外号:四窗闲叟

赞曰 祝融司夏，万物焦烁，火炎昆岗，玉石俱焚，尔无与焉。乃若不使山谷之英堕于涂炭，子与有力矣。上卿之号，颇著微称。

学名:木待制
小名:茶臼
外号:隔竹居人

赞曰 上应列宿，万民以济，禀性刚直，摧折强梗，使随方逐圆之徒，不能保其身，善则善矣，然非佐以法曹、资之枢密，亦莫能成厥功。

学名:金法曹
小名:茶碾
外号:雍之旧民
和琴先生

赞曰 柔亦不茹，刚亦不吐，圆机运用，一皆有法，使强梗者不得殊轨乱辙，岂不韪欤？

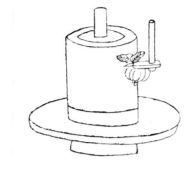

学名: 石转运
小名: 茶磨
外号: 香屋隐君

赞曰 抱坚质，怀直心，啖嚼英华，周行不怠，斡摘山之利，操漕权之重，循环自常，不舍正而适他，虽没齿无怨言

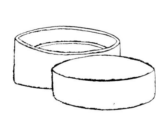

学名: 罗枢密
小名: 筛子
外号: 思隐寮长

赞曰 几事不密则害成，今高者抑之，下者扬之，使精粗不致于混淆，人其难诸！奈何矜细行而事喧哗，惜之

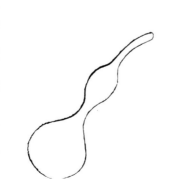

学名: 胡员外
小名: 水勺
外号: 贮月仙翁

赞曰 周旋中规而不逾其闲，动静有常而性苦其卓，郁结之患悉能破之，虽中无所有而外能研究，其精微不足以望圆机之士

学名: 漆雕秘阁
小名: 盏托
外号: 古台老人

赞曰 危而不持，颠而不扶，则吾斯之未能信。以其弭执热之患，无坳堂之覆，故宜辅以宝文，而亲近君子。

学名: 宗从事
小名: 茶帚
外号: 扫云溪友

赞曰 孔门高弟，当洒扫应对事之末者，亦所不弃，又况能萃其既散、拾其已遗，运寸毫而使边尘不飞，功亦善哉

学名: 汤提点
小名: 汤瓶
外号: 温谷遗老

赞曰 养浩然之气，发沸腾之声，以执中之能，辅成汤之德，斟酌宾主间，功迈仲叔圉，然未免外烁之忧，复有内热之患，奈何？

学名: 陶宝文
小名: 茶碗
外号: 兔园上客

赞曰 出河滨而无苦窳，经纬之象，刚柔之理，炳其绷中，虚己待物，不饰外貌，位高秘阁，宜无愧焉

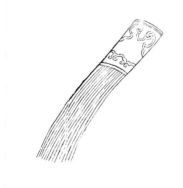

学名: 竺副帅
小名: 茶筅
外号: 雪涛公子

赞曰 首阳饿夫，毅谏于兵沸之时，方金鼎扬汤，能探其沸者几稀！子之清节，独以身试，非临难不顾者畴见尔

学名: 司职方
小名: 茶巾
外号: 洁斋居士

赞曰 互乡之子，圣人犹且与其进，况瑞方质素经纬有理，终身涅而不缁者，此孔子之所以洁也

4-5-25

备茶图壁画及局部·河北省张家口市宣化下八里 10 号张匡正墓出土

说明 备茶图：宣化辽墓壁画中的一个画面，表现了宋辽时期人们备茶的场景，画面上两位侍女各用盏托托着一盏茶，下方两个男子，一人在碾茶，一人在候汤，另有站着的一个男子似要取下风炉上的汤瓶。

备茶图局部：我们可以看到备茶图的前方有两个男子，左边的男子正在用茶碾子碾茶，右侧的男子跪坐在风炉前，风炉上烧着一个汤瓶，男子正对着风炉的炉口向里面吹气，大概是想要让水开得快一些，这让我们不由得想到晋朝左思娇女诗中的句子：心为茶荈剧、吹嘘对鼎𬹼。

《撵茶图》·【宋】·刘松年

说明 刘松年是南宋的著名画家，这幅画作右侧是两位文人与一位僧侣环坐在一桌前，僧人在提笔书写，两文人似在欣赏。画面左侧是两个侍从在备茶，两人之间是一风炉，炉子上坐有一茶釜，一个侍从站在桌前，一手持茶盏，一手执汤瓶，桌子上倒扣一叠茶盏，立着一摞盏托，还有其他一些茶具；另一侍从坐在长凳一端，另一端放着一个石磨，该侍从正在转动石磨磨茶

宋代斗茶

宋代茶业兴盛发展，在喝茶之余，大家还流行斗茶。宋代斗茶有两种情况，一种是茶产区斗茶，主要是比赛茶的品质。还有一种是喝茶人之间的斗茶，这种斗茶主要比赛的是点茶的技艺。

像北苑这样的茶产区，新春时节茶叶制作好之后，大家会拿着自己制作的茶来比试一番，看看谁做得更好。

范仲淹就曾经写过《和章岷从事斗茶歌》的长诗，描写了北苑茶产区斗茶的场景。

《和章岷从事斗茶歌》

年年春自东南来，建溪先暖冰微开。

溪边奇茗冠天下，武夷仙人从古栽。

新雷昨夜发何处，家家嬉笑穿云去。

露芽错落一番荣，缀玉含珠散嘉树。

终朝采掇未盈襜，唯求精粹不敢贪。

研膏焙乳有雅制，方中圭兮圆中蟾。

北苑将期献天子，林下雄豪先斗美。

鼎磨云外首山铜，瓶携江上中泠水。

黄金碾畔绿尘飞，紫玉瓯心雪涛起。

斗茶味兮轻醍醐，斗茶香兮薄兰芷。

其间品第胡能欺，十目视而十手指。

胜若登仙不可攀，输同降将无穷耻。

吁嗟天产石上英，论功不愧阶前蓂。

众人之浊我可清，千日之醉我可醒。

……

原诗很长，由于篇幅有限，现节录于此。

诗歌开篇点明了时间地点，建溪气候温暖，早春时节，茶树就已经发芽了，这溪边奇茗是彭武彭夷两位仙人远古时代就种下的，满树的嫩芽如同缀玉含珠，精心地采摘制作，"研膏焙乳有雅制，方中圭兮圆中蟾"，在将要献给天子之前咱们先来比赛，看谁做得更好。于是，碾茶点茶，斗茶的场面极其热烈。斗茶时，无数人围观，茶盏是绝对的核心，大家的眼睛都盯着，每个人的手都指着，谁要是斗赢了，就像成仙一样的得意；谁要是斗输了，就像败军之将一样觉得可耻。范仲淹品尝之后觉得茶叶的品质真好啊，"斗茶味兮轻醍醐，斗茶香兮薄兰芷"，茶的味道胜过了饮料中的极品醍醐，茶的香气超过了素称王者之香的兰花。

非茶区的人们在日常喝茶当中也是要比试一番的，这是另一种斗茶方式。那么怎么分输赢呢？梅尧臣说："造成小饼若带銙，斗浮斗色倾夷华。"斗浮斗色这四个字便是决胜负的标准。

斗色是指比赛茶汤的颜色，宋代茶色贵白，看谁的茶更鲜白。蔡襄《茶录》里说"建安人开试，以青白胜黄白"。正因如此，天然生长发白的白茶（不是今天六大茶类里的白茶）因为天生颜色较浅，便格外受到追捧。"白茶自为一种，与常茶不同，其条敷阐，其叶莹薄。崖林之间，偶然生出，虽非人力所可致。"（《大观茶论》）这种茶树非常稀少，偶然碰到，殊为不易，一株茶树所作之茶也不过一两饼，因此，价格高昂。

斗浮指的是比赛谁打出的泡沫更厚更持久，以泡沫先消散露出泡沫下面水的痕迹为负。这种比赛有很强的竞争性和趣味性，因此朝野上下，宫廷民间，斗茶之风盛行，"斗赢一水，功敌千钟。""灵芽动是连城价，妙手才争一水功。"宋人茗战，乐此不疲。

4-6-1

《茗园赌市图》·【宋】·刘松年

说明 这幅画描绘了在宋代一个集市上，大家一起斗茶的场景，我们看到有的人正在向茶盏中注汤，有的人正在品饮，有的人正在观望，还有一个人大概刚刚喝完茶，正在用袖子抹嘴，茶商的茶担子上贴着一张字条"上等江茶"。图中还有一位妇女领着儿童正欲离开，也许她是某一位斗茶者的家属，或者就是来参加斗茶的

4-6-2

《斗茶图》·【宋末元初】·赵孟頫

这幅画表现的显然也是民间斗茶的场景，前面的两个人面带微笑、手拿茶杯，大概是在交流点茶技巧，或者是在品评茶叶，后面的两个年轻人大概是徒弟，正在忙碌地或准备茶器，或向茶盏中注汤。

神奇的茶百戏

南宋大诗人陆游，有一年春天在杭州临安的寓所里，写下了这样的一首诗：

《临安春雨初霁》

世味年来薄似纱，谁令骑马客京华。

小楼一夜听春雨，深巷明朝卖杏花。

矮纸斜行闲作草，晴窗细乳戏分茶。

素衣莫起风尘叹，犹及清明可到家。

这首诗的第二联"小楼一夜听春雨，深巷明朝卖杏花"，千古名句，大家都很熟悉，而接下来的两句，谈的是陆游在闲居无聊时所做的事情，那么，他都干些什么呢？"矮纸斜行闲作草"说的是陆游在写书法，"晴窗细乳戏分茶"是说陆游在一方晴窗前练习分茶技巧。

"分茶"技巧也称茶百戏，是宋代文人最喜欢玩儿的一种与茶有关的游戏。宋代文人在点茶的过程中发现，茶筅回环击拂，茶汤中的泡沫便会随之变化，一划一画之间茶沫便会幻化成各种不同的图案，富于想象力和艺术创造力的文人就想，那茶汤不是可以看作宣纸，用泡沫在水面上作画吗？这样一试，果然神奇有趣，慢慢流传开来，成为一种文人非常喜欢玩儿的点茶游戏，文人们以茶盏水面为画纸，用茶叶泡沫，勾勒出一幅幅山水人物、花鸟鱼虫画。中国人管画画儿叫丹青，茶百戏是在水面上作画，所以也被称为水丹青，水丹青生于水面，不能留存，须臾散灭，但也唯其如此，才别有妙趣。

"分茶何似煎茶好，煎茶不似分茶巧。……二者相遭兔瓯面，怪怪奇奇真善幻。"的确，如果手不巧，没有一些艺术能力，是不太能玩好水丹青这个游戏的。人们评价说："馔茶而幻出物像于汤面者，茶匠通神之艺也。"

当然，世上总有高人。宋代有一位和尚叫作福全，他痴迷于茶艺，精通水丹青的技巧，后来他不但能在水中作画，还能在水中写字，一个小小的茶盏当中他就能写七个字。有一次，大家不信，他就当众拿出四个茶盏，每盏茶点七个字，合在一起，当众写了一首诗："生成盏里水丹青，巧画工夫学不成。欲笑当时陆鸿渐，煎茶赢得好名声。"你看，他掌握了水丹青的技巧，居然连茶圣陆羽都不放在眼里。

（＊本节古代饮茶方法为笔者复原拍照）

4-7-1

以水丹青方式在茶汤表面写字作画

4-7-2

运汤于水面勾勒笔画的方式

另外，宋代茶人还有一种近似于茶中作画的玩法叫"漏影春"。

漏影春是在点茶之前，用镂空的花形的纸贴在盏里，把茶粉撒在盏里，撤去花纸，茶盏中就出现一个花形的图案，再以此为花身；用一些荔肉、松实之类的食物点缀在上面做成叶子、花蕊之类，最后再沸汤点搅。

宋代人颇具雅趣，在茶上玩出了各种花样。

赌书消得泼茶香

宋代女词人李清照的日常生活也离不开茶，除去她的词中写有茶的生活外，还有这样一个故事。李清照和她的丈夫赵明诚都是博闻强识的学者（赵明诚是金石学大师），两个人常常会比一比才华，他们会在烹茶时，指着成堆的古书，"言某事在某书某卷第几页第几行"，一个人随便说某一本古书中的某一句话，另外一个人就要指出这句话是在哪一本古书的第几章第几页第几行上，然后查验，如果对了就赢一盏茶，他们夫妻把这个游戏叫作"赌书"，赌书的赌注就是茶。这样的记忆力可真不是一般人能达到的，这哪是人啊，分明就是两个数据库啊！他们说中了以后也会得意的举杯大笑，有时忘了形，一个不小心竟会把茶杯打翻，好好的一杯茶就倒在怀里，喂了衣服了。几百年后，清代大词人纳兰性德写词就曾引用这个典故："谁念西风独自凉？萧萧黄叶闭疏窗。沉思往事立残阳。被酒莫惊春睡重，赌书消得泼茶香。当时只道是寻常。"

《北苑别录》记载的纲次、贡茶品种及数量情况

表一 细色纲

纲次	品名	茶青等级	研茶水数	过黄火数	数量
细色第一纲	龙焙贡新	水芽	十二水	十宿火	正贡三十铸 创添二十铸
细色第二纲	龙焙试新	水芽	十二水	十宿火	正贡一百铸 创添五十铸
细色第三纲	龙团胜雪	水芽	十六水	十二宿火	正贡三十铸 续添二十铸 创添六十铸
	白茶	水芽	十六水	七宿火	正贡三十铸 续添十五铸 创添八十铸
	御苑玉芽	小芽	十二水	八宿火	正贡一百片
	万寿龙芽	小芽	十二水	八宿火	正贡一百片
	上林第一	小芽	十二水	十宿火	正贡一百铸
	乙夜清供	小芽	十二水	十宿火	正贡一百铸
	承平雅玩	小芽	十二水	十宿火	正贡一百铸
	龙凤英华	小芽	十二水	十宿火	正贡一百铸
	玉除清赏	小芽	十二水	十宿火	正贡一百铸
	启沃承恩	小芽	十二水	十宿火	正贡一百铸
	雪英	小芽	十二水	七宿火	正贡一百片
	云叶	小芽	十二水	七宿火	正贡一百片
	蜀葵	小芽	十二水	七宿火	正贡一百片
	金钱	小芽	十二水	七宿火	正贡一百片
	玉叶	小芽	十二水	七宿火	正贡一百片
	寸金	小芽	十二水	九宿火	正贡一百片
细色第四纲	龙团胜雪	水芽	十六水	十二宿火	正贡一百五十铸
	无比寿芽	小芽	十二水	十五宿火	正贡五十铸 创添五十铸
	万春银芽	小芽	十二水	十宿火	正贡四十片 创添六十片

纲次	品名	茶青等级	研茶水数	过黄火数	数量
细色第四纲	宜年宝玉	小芽	十二水	十二宿火	正贡四十片 创添六十片
	玉清庆云	小芽	十二水	九宿火	正贡四十片 创添六十片
	无疆寿龙	小芽	十二水	十五宿火	正贡四十片 创添六十片
	玉叶长春	小芽	十二水	七宿火	正贡一百片
	瑞云翔龙	小芽	十二水	九宿火	正贡一百八片
	长寿玉圭	小芽	十二水	九宿火	正贡二百片
	兴国岩铸	中芽	十二水	十宿火	正贡二百七十铸
	香口焙铸	中芽	十二水	十宿火	正贡五百铸
	上品拣芽	小芽	十二水	十宿火	正贡一百片
	新收拣芽	中芽	十二水	十宿火	正贡六百片
细色第五纲	太平嘉瑞	小芽	十二水	九宿火	正贡三百片
	龙苑报春	小芽	十二水	九宿火	正贡六百片 创添六十片
	南山应瑞	小芽	十二水	十五宿火	正贡六十片 创添六十片
	兴国岩拣芽	中芽	十二水	十宿火	正贡五百一十片
	兴国岩小龙	中芽	十二水	十五宿火	正贡七百五十片
	兴国岩小凤	中芽	十二水	十五宿火	正贡五十片
先春二色	太平嘉瑞	小芽	十二水	九宿火	正贡二百片
	长春玉圭	小芽	十二水	九宿火	正贡二百片
续入额四色	御苑玉芽	小芽	十二水	八宿火	正贡一百片
	万寿龙芽	小芽	十二水	八宿火	正贡一百片
	无比寿芽	小芽	十二水	十五宿火	正贡一百片
	瑞云翔龙	小芽	十二水	九宿火	正贡一百片

表二 粗色纲

纲次	品名	研茶水数	过黄火数	入贡数	入贡情况
粗色第一纲	不入脑子上品拣芽小龙	六水	十宿火	一千二百片	正贡
	入脑子小龙	四水	十五宿火	七百片	
	不入脑子上品拣芽小龙			一千二百片	增添
	入脑子小龙			七百片	
	小龙茶			八百四十片	建宁府附发
粗色第二纲	不入脑子上品拣芽小龙			六百四十片	正贡
	入脑子小龙			六百四十二片	
	入脑子小凤	四水	十五宿火	一千三百四十四片	
	入脑子大龙	二水	十五宿火	七百二十片	
	入脑子大凤	二水	十五宿火	七百二十片	
	不入脑子上品拣芽小龙			一千二百片	增添
	入脑子小龙			七百片	
	小凤茶			一千二百片	建宁府附发
粗色第三纲	不入脑子上品拣芽小龙			六百四十片	正贡
	入脑子小龙			六百四十四片	
	入脑子小凤			六百七十二片	
	入脑子大龙			一千八片	
	入脑子大凤			一千八片	
	不入脑子上品拣芽小龙			一千二百片	增添
	入脑子小龙			七百片	
	大龙茶			四百片	建宁府附发
	大凤茶			四百片	

纲次	品名	研茶水数	过黄火数	入贡数	入贡情况
粗色第四纲	不入脑子 上品拣芽小龙			六百片	正贡
	入脑子小龙			三百三十六片	
	入脑子小凤			三百三十六片	
	入脑子大龙			一千二百四十片	
	入脑子大凤			一千二百四十片	
	大龙茶			四百片	建宁府附发
	大凤茶			四百片	
粗色第五纲	入脑子大龙			一千三百六十八片	正贡
	入脑子大凤			一千三百六十八片	
	京铤改造大龙			一千六片	
	大龙茶			八百片	建宁府附发
	大凤茶			八百片	
粗色第六纲	入脑子大龙			一千三百六十片	正贡
	入脑子大凤			一千三百六十片	
	京铤改造大龙			一千六百片	
	大龙茶			八百片	建宁府附发
	大凤茶			八百片	
	京铤改造大龙			一千三百片	
粗色第七纲	入脑子大龙			一千二百四十片	正贡
	入脑子大凤			一千二百四十片	
	京铤改造大龙			二千三百五十二片	
	大龙茶			二百四十片	建宁府附发
	大凤茶			二百四十片	
	京铤改造大龙			四百八十片	

注：1.表中空格处为无记载；2.铤亦片也，一铤即一片；3.入脑子指加入龙脑香料

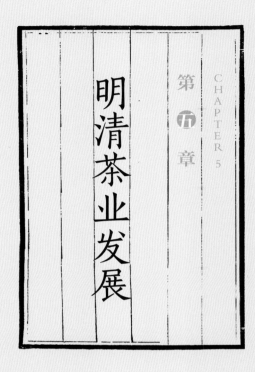

第五章

CHAPTER 5

明清茶业发展

元代茶文化的发展，基本上沿袭了宋代，但元代对宋代奢华繁复的制茶、饮茶方式做了一定程度的简化，这就为明代茶业的变革，奠定了基础。

经过了宋元两代漫长的历史时期，到了明代，中国的茶文化酝酿着新的变革。

废团改散

明代，中国的茶文化继续向前推进，中国的传统茶学在这一时期达到了高潮，明代创作的茶学专著，现存五十余种，为历代之最，几乎占中国古代茶学专著的一半。

明代初期，在中国茶史上最重要的也是影响最深远的事情，便是废团改散。从前文可知，在中国漫长的茶叶加工史上，团饼茶曾经长期占据主流。明代建立后，也曾继续造团饼茶进贡，四方供茶中，以建宁、阳羡茶品为上，制茶方式也一如宋代。明洪武二十四年九月，朱元璋为节省民力，减轻茶农负担，做了大胆的改革，罢造龙团，废除了团饼茶的进贡，"惟采茶芽以进"。在这之前，虽然也有散茶，但都不是主流，直到朱元璋废团改散，彻底颠覆了团饼茶的地位，破除了几百年来团饼茶的传统观念，打开了新的思路，促进了明清茶叶的蓬勃发展。由此，散茶从茶区到城市，从宫廷到民间，进入千家万户，而饮茶的方式也随之发生了相应的变化。

我们看一看明代陈师所著的《茶考》中记录的明代杭州人是怎么喝茶的。"杭俗烹茶，用细茗置茶瓯，以沸汤点之，名为撮泡"。将茶芽放置在茶瓯中，以开水冲泡而饮，称为撮泡。在陈师眼中，这是杭州人的喝茶习俗，说明到明中期，对这种喝茶方式人们已经习以为常，这完全不同于唐煮宋点，而与我们今天喝茶的方式是一样的，所以我们今天喝茶的冲泡法，是由明代延续至今的，明代饮茶一瀹便啜，遂开茗饮之宗。

改用散茶，除了朱元璋为减轻茶农负担这个原因外，明代对茶的审美追求也在发生变化，朱元璋的儿子——艺术家王爷宁献王朱权写有《茶谱》一书，他在书中认为，宋代蜡茶涂膏油，加香料的做法是很不好的，因为夺了茶的本味，"杂以诸香，饰以金彩，不无夺其真味。然天地生物，各遂其性，莫若叶茶，烹而啜之，以遂其自然之性也"。《煮泉小品》中也说："茶之团者片者，皆出于碾铠之末，既损真味，复加油垢，即非佳品，总不若今之芽茶也。盖天然者自胜耳。"明代人的茶饮审美是追求茶天然的色香味，寻其真味。

就像打开了一道闸门，散茶的推广，带动了整个中国茶业的迅猛发展，从明代以后，制茶工艺推陈出新，蒸青绿茶不再一统天下，各类茶相继涌现，各地名优茶种不断创制，日益增多。这也奠定了中国茶业从明代到近现代的基本风貌，其影响延续至今。

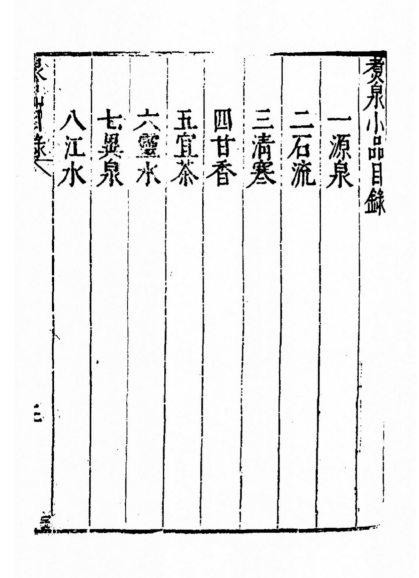

煮泉小品目錄

《煮泉小品》·【明】·田艺蘅

明清时期，由于废团改散，使得制茶技术相应地发生了改变，采制茶的观念也有所不同。我们选取从采茶到制茶的几个关键环节来了解一下。

一、采茶

明清时期，采春茶依然是主流。春天，万物复苏，茶芽萌发，正是采茶的好时节。

宋代强调早春茶，惊蛰时分就开焙采茶了，明代开始将采茶的时间向后推迟，采茶时间早的选在清明左右，如《本草纲目》倡导采摘明前茶，"清明前采者上，谷雨前者次之，此后皆老茗尔"。但更多的茶书倡导谷雨附近采茶，明代非常重要的专著许次纾的《茶疏》中认为"清明太早，立夏太迟，谷雨前后，其时适中"。张源的《茶录》也说："采茶之候，贵及其时，太早则味不全，迟则神散。以谷雨前五日为上，后五日次之，再五日又次之。"张源说到一个很重要的问题，就是采茶贵在正当其时，太早则味不全，早春新芽虽嫩，但是刚刚萌发，内含物还不多，因此味道不足，早则早矣，味未必佳。清代乾隆皇帝也是一位爱茶之人，地方官为了讨好他，将贡茶采摘时间一再推前，每逢新春就早早地将茶采制出来直送大内，然而这样的做法，皇帝却偏偏不买账，而且很不喜欢。他曾经针对此事写诗说："贡茶只为太求先，品以新称味未全。为学因思在精熟，大都欲速戒应然。"在乾隆看来，刚过春分就开始采茶，茶芽太过细嫩，所以味道淡薄，你们就给我喝这样的茶吗？只有到了清明或者谷雨时节，采下来的嫩芽才会清香有味，堪称佳茗。一味的求早求新，反不为妙，过犹不及是也！所以乾隆真的很懂茶，看来这个皇帝可不好糊弄啊。

5-2-1

紫砂描金御题诗烹茶图壶 · 故宫博物院 供图

【故宫博物院藏】

壶身上有描金的乾隆皇帝御题诗《雨中烹茶泛卧游书室有作》七言诗："溪烟山雨相空濛，生衣独做杨柳风。竹炉茗椀泛清瀨，米家书画将无同。松风泻处生鱼眼，中泠三峡何须辨。清香仙露沁诗脾，座间不觉芳隄转。"乾隆皇帝爱茶，写了大量的茶诗歌，虽然壶身描金尽显皇家的奢靡之风，然而这首诗写的却颇有茶人的清雅之趣

可见，明清两代采茶已不再单纯追求早，而是追求神全味足。

此外，明代秋茶采摘比例加大，很多记载中都谈到采秋茶。如程用宾《茶录》："白露之采，鉴其新香"，不但采摘秋茶，而且认为秋茶具有香气高的特点。清代医书《归砚录》记载，"迩年土人以秋采者造为红茶，颇获浓利"，可知清代时就有将秋茶采来制红茶的做法。

二、制茶

明代以前，无论唐宋皆以蒸青为主。到了明代，制茶技术发展的一大特点是，炒青工艺受到了重视，成为制茶中的重要技术。

炒青法并不始于明代，早在唐代就已经出现了炒青茶的记载，唐代诗豪刘禹锡有一首长诗叫《西山兰若试茶歌》，这是一首记述诗人在西山寺内品茶的诗。

《西山兰若试茶歌》

山僧后檐茶数丛，春来映竹抽新茸。

宛然为客振衣起，自傍芳丛摘鹰嘴。

斯须炒成满室香，便酌砌下金沙水。

骤雨松声入鼎来，白云满盏花徘徊。

悠扬喷鼻宿酲散，清峭彻骨烦襟开。

……

诗中描写了在西山寺的后檐有一些茶树，春天到来的时候抽出了新芽，寺里的僧人为了招待刘禹锡，便采摘了鲜嫩的茶芽立刻炒制、煎吃。诗人喝着这样的好茶只觉得醒了酒，消了烦，这刚刚制作好的新茶简直比远处寄来的顾渚紫笋、蒙山茶还要好。诗歌的前几句，从"自傍芳丛摘鹰嘴"到"清峭彻骨烦襟开"，几乎句句一个环节，正好写了从采茶到炒茶到煮茶到分茶再到闻茶香、品茶汤，描述了一个完整的从采制到煎饮的过程。诗中最惹眼的便是那句"斯须炒成满室香"，这是最早的有关炒青工艺制茶的记载，我们由此可知，至少是在唐代人们已经掌握了炒青制茶的方法。这句记载将茶的炒青工艺从明代一下上溯到了唐代，提前了好几百年。诗人就是这么轻描淡写的一笔便浓重地写进了茶史。

这种即采即炒即煮即饮的散茶在唐代绝非主流，只是偶尔为之。但是在明代，炒青制法已经登堂入室成为被众多茶书重点记述、各地茶区争相使用的明星工艺。

5-2-2

炒茶

明代茶专家们认为，茶叶刚刚摘下来，香气不足，必借火力以发其香。这也说明了为什么炒青法逐渐流行，因为炒青茶相对蒸青茶香气更浓厚高扬。明代炒茶的主要方法如下：

炒茶的锅不要有新铁，因为新铁有铁腥气，容易影响茶香，明代要求炒茶的锅必须专用，绝不能又炒菜又炒茶。一次锅内投放的茶青数量不能太多，大约四两，也有说手中一握的茶量即可，等到炒锅内温热，微微有点烫手的时候，把茶放进去，会听到茶叶发出噼噼之声，先用文火焙软，再用武火急炒，快速在锅内翻炒，把茶青炒均匀，会闻到香气发出，这时，把茶从锅中取出，放到竹席上，摊薄，用扇子把茶扇凉，然后略加揉捻，再放回锅中略炒一炒，用文火把茶叶焙干，则茶色碧绿如翡翠。其中扇凉的环节不可简省，如不扇凉则茶变色矣。

明代的很多茶书当中，也很推崇晒青茶。晒青制法可以追溯至唐代李白的《答族侄僧中孚赠玉泉仙人掌茶并序》，诗中说："丛老卷绿叶，枝枝相接连。曝成仙人掌，似拍洪崖肩。"前文说过，这里的"曝成仙人掌"一句就是说此茶用生晒的方式制成。到了明代，田艺蘅的《煮泉小品》里谈到，芽茶用生晒的方式做成的茶为上品，经火做成的则等而下之，因为生晒的茶无烟火气，无人工熏染，更接近自然，把生晒的茶泡在杯中，可看到茶芽"旗枪舒畅，清翠鲜明，尤为可爱"。我们看到，这样的做法纯以生晒为主，不经人工，不炒不揉，这同样与明代茶饮审美追求自然鲜洁的观念有关。

黑茶属后发酵茶，是很多人喜爱的茶类，也是很多少数民族日常生活的必需品。《明史》中记载：明太祖朱元璋"诏天全六番司民，免其徭役，专令蒸乌茶易马"，乌茶者黑茶也，黑茶在历史上也是茶马贸易的主要物品。明嘉靖三年（1524年）御史陈讲上疏："以商茶低伪，悉征黑茶。"这里明确谈到用黑茶进行茶马贸易。黑茶是通过茶马贸易，在输往各地的长途跋涉中逐渐形成的，即所谓形成于船舱中，马背上。

随着制茶技术的发展，明代以后名优茶创新日渐增多，明清时期出现了大量名茶，有很多在今天依然有着很大的影响力。

今天广受大家喜爱的龙井茶在明代就已经是一款名茶，到了清代更是得到了乾隆皇帝的垂青，乾隆多次写诗歌咏龙井茶，如他亲临龙井茶产区所写的《观采茶作歌》："西湖龙井旧擅名，适来试一观其道。"再比如乾隆在游观龙井喝茶时创作的《坐龙井上烹茶偶成》："龙井新茶龙井泉，一家风味称烹煎。寸芽生自烂石上，时节焙成谷雨前。何必凤团夸御茗，聊因雀舌润心莲。呼之欲出辩才出，笑我依然文字禅。"

▶

乾隆皇帝十八棵御茶树·狮峰山下胡公庙前

5-2-4

虎跑泉

说明 虎跑泉与龙井茶并称西湖双绝，乾隆皇帝对虎跑泉的评价很高：
溯涧寻源忽得泉，淡如君子洁如仙.余杭第一传佳品，便拾松枝烹雨前.

《书岕茶别论后》中说："昔人咏梅花云'香中别有韵，清极不知寒'，此惟岕茶足当之。若闽之清源、武夷，吴郡之天池、虎丘，武林之龙井，新安之松萝，匡庐之云雾，其名虽大噪，不能与岕相抗也。"这一段中提到了好几款明代的名茶：福建的清源、武夷，江苏的天池、虎丘茶，杭州的龙井茶，徽州的松萝茶，江西庐山的云雾茶，以及文中所论以上几种名茶都要退避三舍的岕茶。

产于宜兴和长兴的岕茶亦称罗岕茶，是明代最被文人追捧的名茶，"江南之茶，唐人首称阳羡，宋人最重建州，于今贡茶两地独多。阳羡仅有其名，建茶亦非最上，惟有武夷雨前最胜。近日所尚者，为长兴之罗岕"（许次纾《茶疏》）。

明代专门写岕茶的专著就有冯可宾的《岕茶笺》，周高起的《洞山岕茶系》，冒襄的《岕茶汇抄》等。

冒襄是晚明四公子之一，很有才华，他的小妾大家可能听说过，即是一代才女董小宛。董小宛是秦淮八艳之一，才貌双全，见过她的余怀在《板桥杂记》里记载：董小宛"天姿巧慧，容貌娟妍……针神曲圣，食谱茶经，莫不精晓"。非常多才多艺，而且精通茶道。她嫁给冒襄后也算得珠联璧合，只可惜造物弄人，两人生活仅九年，董小宛18岁嫁给冒襄，27岁便去世了，可叹红颜薄命！冒襄悲痛难已，于是创作了《影梅庵忆语》回忆两人九年的生活，其中写到两人都喜欢喝茶，而且都喜欢岕茶，董小宛甚至吃饭时都用岕茶的茶水泡饭。每到春天岕茶上市的时节，董小宛一定要亲自烹茶，"文火细烟，小鼎长泉，必手自吹涤"。此时，冒襄就在旁边诵诗逗笑，岕茶烹好，"花前月下，静试对尝"。岕茶汤色碧绿，香气四溢，"真如木兰沾露，瑶草临波"，实在是美极了。

臨薰小宛小象楚橋屬弦生周序

董小宛像 · 【清】· 周序

【 南京博物馆藏 】

说明 董白，字小宛，一字青莲，明末清初的文人余怀在《板桥杂记》中记述她"天姿巧慧，容貌娟妍，"不仅长的漂亮，而且多才多艺："针神曲圣，食谱茶经，莫不精晓。"足见董小宛是一个秀外慧中的女孩子，大诗人吴梅村在给她的小像题诗中赞美她"珍珠无价玉无瑕"！

　　长兴的罗岕茶，临安的天目茶，苏州的虎丘茶、天池茶，徽州的松萝茶，绍兴的日铸茶，江北的六安茶等名茶历史悠久，影响至今。

5-2-6

《文徵明茶具十咏图轴》·【明】·文徵明·故宫博物院 供图

【故宫博物院藏】

> **说明** 明世宗嘉靖十三年（1534年）的春天，明代大画家
> 文徵明，在采制新茶的时节，却抱病在家不能亲身参与江
> 南茶友的试茶会，好友怕他寂寞，便特地为他送来好茶，
> 烹泉独饮的文徵明，忽然想起了六百年前联诗的皮日休与
> 陆龟蒙，心中一热，便画了一幅《茶具十咏图》，画完了
> 意犹未尽，便在画上的空白处模仿皮陆也写了十首茶诗，
> 与唐代的先贤隔空唱和。
>
> 时光荏苒，又过了二百多年，乾隆三十七年新春，
> 刚刚过完上元节的乾隆皇帝，心情正好，在暖阁里随手
> 展玩收藏的书画名品，顺手打开的正是文徵明创作的《茶
> 具十咏图》，观画读诗，乾隆皇帝吟诵良久，诗兴大发

《文徵明惠山茶会图卷》·【明】·文徵明·故宫博物院 供图

【故宫博物院藏】

> **说明** 文徵明与唐伯虎、祝允明、徐祯卿并称吴中四大才子。这幅画描绘了文徵明和几个好朋友一起来到了无锡惠山，用天下第二泉的水烹茶游戏的场景。这是明代著名的茶画作品。

于是吩咐磨墨，也创作了十首同题茶诗。皮日休、陆龟蒙、文徵明、乾隆帝相隔九百年，相继写了四十首同题茶诗，共同创造了极其罕见的茶史佳话！这是那一年突发感想、提笔写诗的皮日休无论如何也想不到的。

如果时空可以穿越，如果时间可以重叠，我们将看到247年前的春天，紫禁城三希堂里的乾隆；485年前的春天，蜗居斗室的文徵明，1148年前的春天，茶山脚下的陆龟蒙、苏州书房里的皮日休，他们一样的握着毛笔，或在信笺上，或在画纸上跨越近千年一起写着同样题目的诗歌、同样的春光明媚、茶香阵阵！

窨花茶技术

宋代开始，人们已经学会了用花来窨制茶叶制作花茶。茶叶有很强的吸附异味的能力，利用鲜花吐香和茶叶吸香的原理，制作出了很多用鲜花窨制的再加工类花茶，如北方人很喜欢喝的茉莉花茶就是这样做出来的。

明代，人们广泛使用鲜花熏茶，制作出各种不同的窨花茶。在明代人看来百花有香者皆可熏茶。早在明代初年，朱权的《茶谱》中就专有一节，叫熏香茶法，"当花盛开时，以纸糊竹笼两隔，上层置茶，下层置花，宜密封固，经宿开换旧花。如此数日，其茶自有香气可爱"。

明代钱椿年的《茶谱》中也有一节"制茶诸法"，讲了好几种茶的制作方法，比如木樨花，先把木樨花的枝蒂去除，洗干净，没有尘垢虫蚁，然后在瓷罐里铺一层茶，放一层花，如此这般直至瓷罐放满，然后封上口系紧，连罐放到锅中用开水去煮，煮开后，取出茶叶用纸密封好，用火焙干，即可收用。

明代不少文人都会制作一种莲花茶。于日未出时，到荷塘中找到半开待放的莲花，轻轻把花瓣拨开，把茶叶放进花蕊中，用麻皮把花略微系住，免得莲花开放把茶倒出来。经过一夜的时间，第二天早上把莲花摘下，倒出茶叶，用纸包好，焙干。再像之前一样另找一朵莲花把茶放入其内，如此数次。最后，将茶焙干收用，喝茶时，能闻到茶叶中带着水润润的莲花清香，不胜香美。

除以上两种花外，茉莉、玫瑰、蔷薇、兰蕙、橘花、栀子、木香、梅花皆可作茶。明代人还认识到："花多则太香，而脱茶韵；花少则不香，而不尽美。三停茶叶一停花始称。"熏花时，茶与花的比例掌握在茶是花的三倍的量。

5-3-1

《唐寅事茗图卷》·【明】·唐寅· 故宫博物院 供图

【故宫博物院藏】

说明　明代大才子唐寅的《事茗图》画的是明代文人喝茶的场景，一位文士携童子策杖过桥去找茶屋中的朋友喝茶。在这张图的旁边唐伯虎提了一首短小的茶诗，我觉得也是很不错的一首诗，词淡意远，颇具茶趣：日常何所事，茗碗自赍持。料得南窗下，清风满鬓丝

明清茶具的发展

　　由于喝茶方式的演变，带来了茶具的新变化，明清时期对古代的茶具进行了适应时代发展的扬弃，唐代煮茶的锅、宋代点茶的茶筅等茶具都不再使用，为适应新的茶饮方式，冲泡茶叶的茶壶开始成为最重要的茶器。

　　明代开始，为了适合于"瀹茗法"，茶人们做了很多尝试和探索，总结出了很多冲泡实用与艺术审美兼具的茶器。

　　明代的才子屠隆，有一本专论文房清玩诸事的书《考槃馀事》，其中有一部分专论茶事，在这一部分中，屠隆在前人的基础上规划了一整套明代泡茶的器具。由于我们今天喝茶的方式源自明代，因此，这套茶具对我们今天的茶艺茶事有着很高的参考价值，现列于下：

苦节君　　湘竹风炉
建　城　　藏茶篛笼
湘筠焙　　焙茶箱
云　屯　　泉缶
乌　府　　盛炭篮
水　曹　　涤器桶
鸣　泉　　煮茶罐
品　司　　收贮各品叶茶
沉　垢　　古茶洗
分　盈　　水杓
执　权　　准茶秤
合　香　　茶瓶
归　洁　　竹筅帚
漉　尘　　洗茶篮
商　象　　古石鼎
递　火　　铜火斗

降	红	铜火箸
团	风	湘竹扇
注	春	茶壶
静	沸	竹架
运	锋	镶果刀
啜	香	茶瓯
撩	云	竹茶匙
甘	钝	木碪墩
纳	敬	湘竹茶櫜
易	持	纳茶漆雕秘阁
受	污	拭抹布

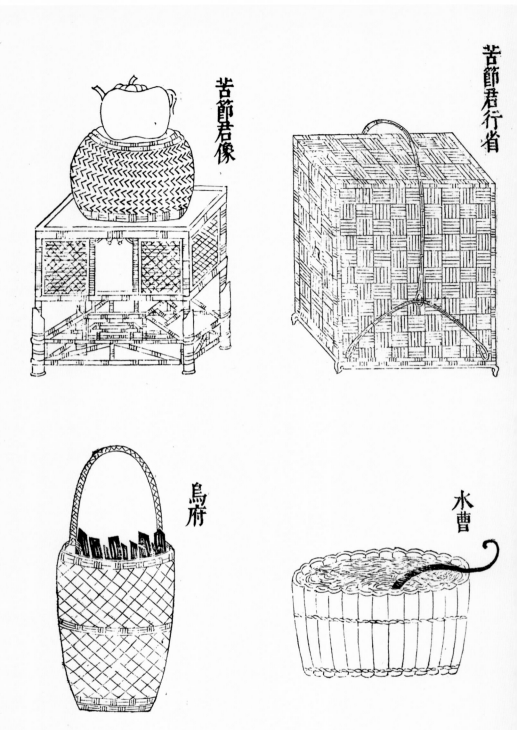

苦節君像

苦節君行省

烏府

水曹

建城

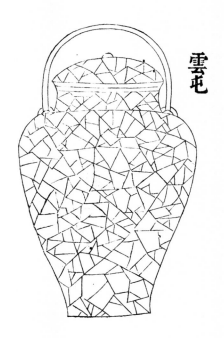

雲屯

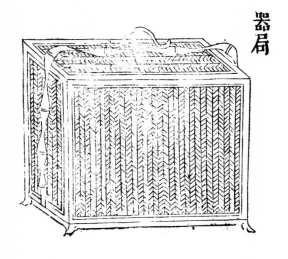

器局

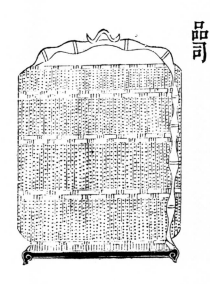

品司

5-4-1

《茶谱》中的茶具图·【明】·钱椿年、顾元庆

5-4-2

竹炉·【清】·故宫博物院 供图

【故宫博物院藏】

　　特别值得一提的是，明代诞生了一门与茶息息相关的陶瓷艺术——紫砂艺术。宜兴紫砂茶具并不始于明代，宋代的梅尧臣就曾有诗："小石冷泉留早味，紫泥新品泛春华。"但是，在明代以前宜兴的茶比紫砂器更出名，唐代的阳羡紫笋、明代的岕茶都是一代翘楚，名满天下。从明代开始，紫砂独有的魅力被一众艺术家开掘推广，终于在中国陶瓷艺术中风格高标，独占一席。

现在可考的最早的紫砂艺术大师是明代的供春（也写为龚春），供春原是宜兴文人吴颐山的小书童，跟着吴颐山到金沙寺读书。吴颐山读书时，小供春忙完了杂役工作就在寺里闲逛，寺里僧人很会做陶器，供春就跟着学习，一来二去，便学会了陶器的制作技巧。供春有着极高的艺术天分，他性灵独具，质朴天真，做出的茶具朴拙自然，妙趣天成，遂成名家。

　　在供春之后，时大彬、徐友泉、李仲芳等紫砂名家相继出现，到清代陈鸣远、惠孟臣等艺术大师进一步发展紫砂艺术，"西泠八家"之一的陈鸿寿与制壶师杨彭年合作，将诗文书画、金石艺术与紫砂壶陶瓷艺术相结合，设计创造了"曼生十八式"（陈鸿寿号曼生），十八种款式个个都是艺术精品，成为众相学习的典范，直到今天这些设计依然是大家经常制作选用的经典壶形。

5-4-3

宜兴时大彬制紫砂壶·【明】·故宫博物院 供图

5-4-4

宜兴窑"时大彬"款紫砂胎剔红山水人物图执壶·故宫博物院 供图

【清宫旧藏】

宜兴窑"阿曼陀室"款紫砂描金山水纹茶壶·故宫博物院 供图

【故宫博物院藏】

  紫砂茶具以其泥料特有的细腻质地，透气不透水，高可塑性等特点为茶具开辟了一方新天地。自明代以来，无数艺术家经过不懈努力，使紫砂茶具具有深厚的文化内涵和强烈的艺术魅力，是文化、艺术与实用功能的高度统一。

明清时期也是中国茶向世界推广的时期，从明代开始，中国的茶叶随着片片白帆，远涉重洋，向欧洲、向美洲、向全世界迈进，如今茶叶已经与咖啡、可可一起成为世界上最重要的三大无酒精饮料，全世界有一半的人口有喝茶的习惯。这小小的茶叶有着大大的能量，它从远古走来，遍布四海，一路清香。

5-4-6

茶芽

　　随着中国文化的日益昌盛，随着现代制茶技术的不断发展，我们相信中国的茶文化必将继往开来，华彩绽放！

古代茶书

1.《茶经》 唐 陆羽

2.《煎茶水记》 唐 张又新

3.《采茶录》 唐 温庭筠

4.《茶谱》 五代 毛文锡

5.《茶录》 宋 蔡襄

6.《大观茶论》 宋 赵佶

7.《宣和北苑贡茶录》 熊蕃

8.《北苑别录》 赵汝砺

9.《品茶要录》 黄儒

10.《茶谱》 明 朱权

11.《茶谱》 顾元庆 钱椿年

12.《煮泉小品》 田艺蘅

13.《水品》 徐献忠

14.《煎茶七类》 徐渭

15.《考槃余事》 屠隆

16.《茶疏》 许次纾

17.《岕茶笺》 冯可宾

18.《洞山岕茶系》 周高起

19.《阳羡茗壶系》 周高起

20.《岕茶汇抄》 冒襄

21.《续茶经》 陆廷灿

现代茶书

1.《茶史初探》 朱自振著 中国农业出版社

2.《中国茶叶历史资料选辑》陈祖槼，朱自振编 中国农业出版社

3.《中国茶叶五千年》 人民出版社

4.《茶业通史》 陈椽编著 中国农业出版社

5.《中国茶史散论》 庄晚芳编著 科学出版社

6.《中国茶文化图典》 王建荣，郭丹英编 浙江摄影出版社

7.《中国茶树栽培学》 中国农业科学院茶叶研究所杨亚军编 上海科学技术出版社

8.《中国地方志茶叶历史资料选辑》 吴觉农编 中国农业出版社

9.《茶经述评》 吴觉农主编 中国农业出版社

10.《茶与中国文化》 关剑平著 人民出版社

11.《制茶学》 安徽农学院主编 中国农业出版社

12.《中国历代茶书汇编 校注本》 郑培凯，朱自振主编 商务印书馆

13.《中国茶画》 裘纪平著 浙江摄影出版社

14.《清心妙契 故宫珍藏茶文物精品集》

15.《两宋茶事》 扬之水著 人民美术出版社

16.《茶叶全书》（美）威廉·乌克斯 著 东方出版社

17.《中国古代茶具》 姚国坤，胡小军著 上海文化出版社

18.《茶经校注》 作者：(唐)陆羽 校注：沈冬梅 中国农业出版社

19.《中国茶叶大辞典》 陈宗懋主编 中国轻工业出版社

20.《中国名茶志》 王镇恒，王广智主编 中国农业出版社

21.《中国茶经》 陈宗懋主编 上海文化出版社

22.《茶道入门三篇》蔡荣章著 中华书局

23.《心清一碗茶 皇帝品茶》向斯著 故宫出版社

24.《紫砂春秋》史俊棠，盛畔松主编 文汇出版社

25.《茶文化概论》姚国坤著 浙江摄影出版社

后记
Afterword

　　茶生于秀水明山之间，横行万里、纵贯千年，茶的文化何其博大，我们学之不尽、钻之弥坚。乘着这一叶茶之小舟，我们穿行在历史的长河里，点亮一盏盏科技之灯，饱览璀璨的文化，于是，历史的书页茶香四溢，沁人心脾。

　　中国科学院自然科学史研究所孙显斌老师不以我浅陋乃约稿于我，并给予热心指导，深为感佩！

　　这是一本关于古代茶科技发展的科普读物，相对概要性地介绍了茶在中国使用的发展历程，重点介绍了古代茶树栽培、制茶技术和品饮技艺，重点讨论了唐宋茶事。作者学习参考了茶学前辈、学者们的研究著述，力求总前贤之要义，绘茶学之风神，借此普及中国古代茶的科技、文化，希望能够引起读者了解茶业以及传统文化的兴趣。

　　书中的古代制茶工具手绘图为笔者根据古书文字描述所绘，水平有限，不能求美，但求示意。

　　编写中很多茶人朋友都热情相助，国家博物馆戚学慧老师、故宫博物院秦明老师、章新老师、王翯老师予我以指导；黄健先生、王君女士、许丹先生、刘博先生、杨耀辉先生、郑福年老师、张雅琪女士等茶友寄赠照片；李文瑶老师约稿编校，D·A老师精心排版编辑皆煞费心血，在此一并致谢！

　　作者能力有限，学力未及，舛误之处，在所难免，敬请读者不吝赐教，予以指正。

冷帅